# 工业互联网时延敏感性数据传输保障机制

韩光洁　林　川　著

本书出版得到了国家自然科学基金广东联合重点项目（项目编号：U1801264）和国家重点研发计划项目（项目编号：2017YFE0125300）的资助

科　学　出　版　社

北　京

# 内 容 简 介

本书从全新的视角对目前现有的时延敏感性数据流传输保障机制进行研究，并探讨了面向工业互联网可用的数据传输保障技术。全书共分为 9 章。其中，第 1 章着重分析与探讨国内外研究现状和工业互联网数据传输所面临的问题和挑战；第 2 章解析了工业互联网数据传输保障技术内容；第 3 章分析了现有工业互联网基础架构的关键时延特征；第 4 章利用软件定义网络技术，提出面向工业互联网时延敏感性数据流的数据传输调度策略；第 5 章提出面向工业互联网多业务时延敏感性数据流的传输调度策略；第 6 章提出面向分布式移动工业互联网的时延敏感性数据流传输调度策略；第 7 章提出面向无人机辅助的工业互联网时延敏感性数据流传输调度策略；第 8、9 章分别提出考虑不同通信信道状态下的工业物联网资源分配策略。

本书适合广大的工业互联网领域研究人员、从业者及相关专业学生使用。

**图书在版编目(CIP)数据**

工业互联网时延敏感性数据传输保障机制/韩光洁，林川著. —北京：科学出版社，2022.12

ISBN 978-7-03-074150-9

Ⅰ. ①工⋯　Ⅱ. ①韩⋯②林⋯　Ⅲ. ①数据传输-保障-研究　Ⅳ. ①TN919.1

中国版本图书馆 CIP 数据核字（2022）第 236815 号

责任编辑：赵丽欣 / 责任校对：王万红
责任印制：吕春珉 / 封面设计：东方人华平面设计部

科学出版社 出版
北京东黄城根北街 16 号
邮政编码：100717
http://www.sciencep.com

北京九州迅驰传媒文化有限公司 印刷
科学出版社发行　　各地新华书店经销

*

2022 年 12 月第 一 版　　开本：787×1092 1/16
2022 年 12 月第一次印刷　　印张：10 3/4
字数：250 000
定价：110.00 元
（如有印装质量问题，我社负责调换〈九州迅驰〉）
销售部电话 010-62136230　编辑部电话 010-62134021

# 前　言

在工业互联网中，许多对时延有不同敏感性的数据传输业务会实时产生并接入。这些时延敏感性数据传输业务涉及不同的工业应用，请求具有不同时延保障机制的网络传输规划策略。例如，与工业信息统计数据流相比，工业安全应用数据流具有更高的网络优先级，应该分配更多的网络资源。这就要求网络管理员能够实时监控网络状态（包括网络资源、网络接入业务种类、网络接入业务数量、网络接入业务要求），并智能地根据网络状态，为不同业务制定数据传输规划保障策略，以动态分配网络资源，安全地传输工业数据。然而，在现阶段，以互联网架构为基础的工业互联网的黑盒特性以及分布式管控特性，限制了网络策略的灵活部署与应用。此外，工业互联网资源受限、业务多样性、传输设备异构性致使网络数据传输规划策略部署困难，很难保障目标流量的服务质量。因此，如何从计算技术、网络架构技术、流量工程管控技术优化网络数据传输保障机制，是工业互联网亟待解决的关键问题。

本书通过一种全新的视角对目前现有的工业互联网数据传输保障技术进行总结和研究，从网络架构、网络策略、计算技术等多方面对工业互联网中时延敏感性数据传输架构及相关策略进行了深入分析与研究。

首先，本书对数据驱动下的工业互联网数据获取与分析技术进行全面综述，从时延维度总结了现有工业互联网结构基础的数据传输现状；为了从网络架构突破工业互联网的数据传输保障技术，本书分析了以软件定义网络技术为代表的网络架构，着重探讨了如何利用 Open Flow 技术优化网络数据传输，并提出相关的数据传输调度架构；在此基础上，本书对如何对工业互联网中存在的多业务同步实时数据传输时延控制问题进行了深入研究，并利用多业务时延约束调度数据流问题，提出了多种算法，以保障时延敏感性数据流的传输调度。

然后，本书重点探讨了如何利用边缘计算技术优化工业互联网的数据传输架构。本书考虑两种特殊的工业互联网场景——分布式移动工业互联网和基于无人机辅助的工业互联网。针对分布式移动工业互联网，本书提出利用边缘计算优化软件定义工业互联网的架构，提出层次化工业互联网模型和相关的移动请求调度流程。针对时延敏感性数据流调度，提出相应的分布式移动数据边缘计算流程和相关的混合数据调度算法。

最后，本书着重探讨了工业物联网的资源分配问题，并讨论如何在通信信道不确定，最大传输功率要求和 QoS 要求不同的前提下，实现工业物联网的能效最大化。

作者衷心感谢华南理工大学万加富教授，东北大学毕远国教授、付饶博士，中国科学院沈阳计算技术研究所尹震宇研究员，河海大学祝远波博士、李飞燕硕士等在本书的编写过程中给予的帮助。本书出版得到了国家自然科学基金广东联合重点项目（项目编号：U1801264）和国家重点研发计划项目（项目编号：2017YFE0125300）的资助。

面向工业互联网时延敏感性数据传输保障机制本身是一个复杂的网络工程，本书所涉及的工作与内容，仅为作者在科研工作中的体会与见解，限于水平、精力、经验及所持观点，书中难免存在一些缺陷与不足，希望广大读者及业界专家批评指正。

作　者

2022 年 7 月

# 目　　录

# 第1章 绪 论

## 1.1 工业互联网的概念和基础架构

工业互联网最初由美国通用电气公司（General Electric Company）在 2012 年发布的《工业互联网：打破智慧与机器的边界》白皮书中提出[1]。2013 年 4 月，德国在汉诺威工业博览会上发布《实施"工业 4.0"战略建议书》，正式将工业互联网建设作为强化国家优势的战略选择。2015 年，中国政府提出"互联网+"和《中国制造 2025》战略，进一步丰富了工业互联网的概念并明确工业互联网是以互联网技术为基础，通过整合工业和网络革命之优势，以智能设备、工业原料、控制系统、信息系统、工业产品以及人之间的网络互联为基础，通过对工业数据的全面深度感知、实时数据传输、高速计算处理和建模分析，实现智能控制、运营优化和生产组织方式变革。

如图 1.1 所示，工业互联网的基础架构分为 4 层：数据感知层、传输层、数据处理

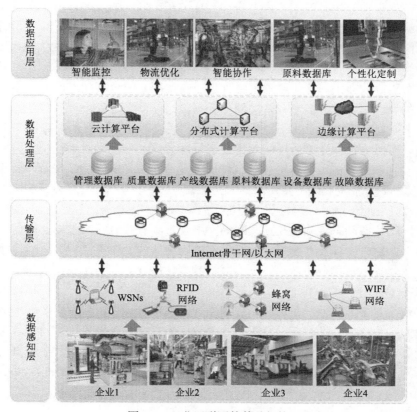

图 1.1 工业互联网的基础架构

层和数据应用层。数据感知层利用信息采集技术和传感器技术收集具有不同工业属性的异构数据，并通过通信技术（如 Wi-Fi、蓝牙、无线传感网、5G 等）上传至传输层；传输层根据工业数据业务属性［如数据传输服务质量（quality of service，QoS）、费用、开销等］通过部署流量工程（traffic engineering，TE）策略将工业数据上传到数据处理层；数据处理层利用数据计算平台（如云计算平台、分布式计算平台、边缘计算平台），通过数据降维、融合，实时处理工业数据，向数据应用层提供服务接口并最终为面向工业互联网的多业务应用提供服务。

## 1.2　面向时延敏感性数据传输保障机制

在工业互联网中，频繁同步的工业服务请求使工业互联网的数据流呈现出较大规模且具有多业务性、异构性和高维度性。从时间维度上看，智能制造技术的革新使更多高精度工业制造、加工、维修操作对工业互联网的实时多业务数据流处理有了更高要求，并体现在实时监测、实时计算、实时协作 3 个方面。例如，在以保障工业安全生产为前提的工业业务中，面向工业生产线的实时监测是工业安全生产的重要保障；在工业智能故障诊断与预测应用中，为异常数据提供实时分析与计算是工业生产线智能维护的有效保障与前提条件；在集生产、加工、原料配给于一体的智能工业流水线中，每个步骤相关的数据都要求在一定时间阈值内准确地完成分析，以有效部署协作生产策略、实现实时协作，智能生产。此外，不同业务相关的数据流对应的工业应用不同，不同应用业务的响应时间阈值要求也不同，即数据时延敏感性不同。例如，与工业数据备份业务相比，工业故障检测业务具有更高等级的时延敏感性；与工业物流管理业务相比，工业协作业务对时延有更高的要求。这就要求网络管理员在实时掌控全网状态的前提下，准确分析每个业务的属性与要求，制定有效的网络管理策略，以满足每个业务的工业需求。从宏观上看，工业互联网的本质在于提供工业服务，而保障服务质量的前提在于保障数据的计算质量，而保障数据计算质量的关键在于保障数据流传输的时效性上。因此，工业互联网中面向时延敏感性数据传输保障机制研究具有重大意义。然而，该研究涉及范围广，方法复杂多样，工业互联网与生俱来的异构性、动态性、分布式特征以及庞大的规模都给面向工业互联网的任何特征研究及业务部署带来极大的困难与挑战，具体包括以下内容。

（1）网络状态动态性。工业互联网的网络业务具有实时接入性，且数据感知层的网络结构具有一定时变性，这使得工业互联网的网络结构及业务能力、数据传输能力都在实时频繁变化。网络状态动态性不仅给网络数据传输业务部署带来巨大挑战，也对网络 QoS 保障技术提出了更高要求。

（2）网络业务多样性。在资源受限的工业互联网环境中，存在许多同步或异步实时数据传输业务。从时间维度上看，不同业务数据的时延敏感性不同，同一等级时延敏感性下的业务，带宽需求不同，数据规模不同。例如，工业高清视频监控和工业设备信号监控都对数据传输时延有着较高要求，但由于二者的数据规模不同，致使其分配的网络资源不同。这就要求网络管理员在实时掌握网络状态的前提下，为每个业务数据制定不同的网络流量规划策略，在充分提高网络资源利用率的前提下，保障时延敏感性数据的传输规划。

（3）网络设备差异性。工业互联网的数据感知层和传输层由多种异构网络组成。构成这些网络的终端传输设备通信方式不同，业务处理能力也不同，给以保障时延敏感性数据传输为目标的网络数据传输保障策略的制定与部署带来巨大挑战。

近年来，新型网络数据传输保障技术的不断发展带来了机遇和挑战。软件定义网络（software defined networking，SDN）[2-3]作为一种新兴的网络架构，其倡导的软件化、虚拟化、统一化能够全面克服传统网络结构的缺点，俨然已经成为未来网络的发展风向标。利用 SDN 技术，网络管理员可以实时全局掌握每个网络转发设备和链路的业务能力和业务状态，继而可以在考虑网络数据传输 QoS 的前提下，智能地部署网络管理策略，提高网络业务扩展能力[4-5]。SDN 技术的飞速发展及技术优势给面向工业互联网的时延敏感性数据传输保障机制提供了新的研究方向，从而解决了工业互联网面临的网络与业务能力效率低下、网络设备异构性、网络设备控制封闭性与快速增长的数据传输规划部署请求之间的矛盾，并能够实现网络实时感知与监控、灵活高效的网络管理策略，使得网络设备业务能力全局协同控制，最终形成一个安全、高效、灵活的工业互联网。

机器人及人工智能技术的飞速发展和进步，促进了通过传感器网络和智能信号处理技术收集和分析工业传感器数据技术的发展和进步，为实现工业数据的智能监控与分析提供了技术支持。例如，在电磁环境极其复杂的开放工厂环境中，部署智能无人机（unmanned aerial vehicle，UAV）监控工业传感器，以实现集中的数据采集和管控，为实施智能数据收集提供了一个可行且经济有效的方案。不同于传统基于工业传感器主动数据路由的数据收集方案，UAV 通过飞过每个传感场从传感器收集数据，从而最大限度地减少实施智能数据采集方法所需的基础设施以及工业传感器的部署成本。UAV 通过预设好的路径来执行特定的数据收集任务。

利用 UAV 收集数据具有以下优势。

（1）与地面车辆相比，UAV 可以在一些普通收集器无法到达的特殊地方收集数据。

（2）UAV 通常比自主地面车辆移动得更快，并且可以在恶劣天气情况下迅速返回基地，以免损坏昂贵的设备。

（3）UAV 通常配备高性能计算单元和大容量电池，可以提供轻量级数据计算能力。

（4）UAV 具有独立封闭的电磁环境，可避免与其他工业传感器造成电磁干扰。

因此，UAV 及其他工业智能机器人的飞速发展与推广即将高效赋能工业互联网，为工业互联网的数据传输与采集提供了新的平台和研究思路。

边缘计算作为云计算的扩展和延伸，其倡导的分布式资源管理与计算、就近计算等思想更加适合于拥有需要频繁处理轻量级、对时延有特殊敏感性的工业互联网数据。与云计算相比，边缘计算具有以下优点和优势。

（1）大幅减少网络流量。运用边缘计算，工业数据不用再通过骨干网络传输至云计算中心，而是可以在边缘计算节点处处理，减轻骨干网络的数据传输负担。

（2）高安全性。不同于基于集中式计算架构的云计算，边缘计算可以通过分布式计算算法将计算任务分布于若干相关的边缘节点，继而可以通过协同计算与存储提高数据的安全性与可靠性。

（3）低时延。边缘计算更加靠近设备本身，更加适用于工业互联网中普遍存在的对时延有特殊敏感性的工业数据。

（4）灵便性。边缘计算具有更高的灵便性，支持高移动性。

综上，边缘计算技术可以助力工业互联网的数据计算与传输，增强网络的便利性和可扩展性。

## 1.3　国内外相关研究

面向不同因素的数据传输保障策略研究一直是网络性能提升与优化的研究热点，从 QoS、QoE（quality of experience，体验质量）路由协议与算法研究，到更加复杂的 TE 综合策略研究，相关工作一直随着网络业务种类、业务需求数量的增加而增加，也随着网络通信方式、网络协议与算法的变化而革新。结合本书的探讨对象，从数据传输调度管理机制、面向多角度的传输保障策略、基于新型网络架构技术的数据传输保障方案 3 个方面讨论相关研究工作。

### 1. 数据传输调度管理机制研究现状

截至目前，互联网骨干网的数据传输调度管理方案都是依靠 ATM（asynchronous transfer mode，异步传输模式）[6]技术实现的。ATM 采用面向连接的传输方式，将数据分割成固定长度的信元并通过虚连接进行数据交换，以提供可靠的数据传输保障。但由于 ATM 面向连接的特性、采用间接控制方式管理基于 IP 的数据传输业务且其设备复杂、造价昂贵、可扩展性差，正逐渐被基于 TCP/IP（transmission control protocol/Internet protocol，传输控制协议/网际协议）的 MPLS（multiple protocol label switching，多协议标签交换）[7]技术所取代。MPLS 利用链路状态协议在其链路状态通告或链路状态包中携带链路属性以提供全局的网络管理，并基于预定义的网络业务要求，利用 CSPF（constrained shortest path first，约束最短路径优先）算法计算数据传输路径并利用 RSVP（resource reservation protocol，资源预留协议）向所计算的路径发送数据传输调度通告。最后，利用隧道技术实现 QoS 保障。近年来，为了简化 MPLS 控制协议，提高资源利用效率，简化网络数据传输调度管理和运维，增强数据路由路径调整和控制能力，被称为"下一代 MPLS"的分段路由（segment routing）技术逐渐引起研究人员的关注，也被当作工业互联网中的关键路由技术[8]。在分段路由技术中，其控制管理平面采用 IGP（interior gateway protocol，内部网关协议）扩展实现，而数据转发平面采用基于 MPLS 的转发网络实现。在分段路由技术中，不再采用 LDP（label distribution protocol，标签分发协议）映射路由信息到标签信息上，取而代之，每个分段在转发层面都有唯一对应的标签。在此基础上，不再采用 RSVP-TE[9]隧道控制策略部署网络流量管理策略，而是采用新型的隧道控制技术，如基于 MPLS-TE 的隧道控制技术 SR-TE[10]控制、计算隧道的转发路径，并将与路径严格对应的标签下发给转发器，继而在 SR-TE 隧道的入口节点上，转发器可以根据标签栈转发数据。近年来，网络可编程化、可软件定义化思想深入新型网络通信技术与数据传输调度管理技术的研究与发展。例如，Open Flow 协议[11]将传统网络的数据平面和控制平面分离,在数据平面的每个设备中,不再采用传统的路由表,而是使用一种全新的数据转发流表作为数据平面数据转发功能的操作接口。在每个 Open Flow 流表项中,包含"包头域+计数器+动作"。路由更新不再采用以 RIP(routing information protocol,路由信息协议)或 OSPF(open shortest path first,开放式最短路径优先)协议为代表的路由更新方法,而是由控制器统一计算路由,并在相关网络设备上通过初始化、添加、删除、更新等一系列流表项操作部署路由策略[12]。Open Flow 的成功与实践为工业互联网的数据传输规划与管理提供了新的可部署方案[13]。

**2. 面向多角度的传输保障策略研究现状**

工业互联网的流量控制主要是通过流量工程,即 TE 技术实现的[14]。所谓 TE 就是指针对某项网络数据传输业务的 QoS 需求(如最小化网络时延,最大化网络吞吐量)将数据传输任务分发到一条或多条网络路径上,并通过网络自动化控制与资源优化策略,实现网络流量的智能部署,具体包含网络路由、网络协议、网络安全、网络资源规划、网络数据规划等多种技术,是一个综合技术体系。从宏观上看,所谓网络资源即是网络带宽资源。因此,TE 的核心目标就是为网络中具有 QoS 要求的数据传输任务合理分配带宽资源。

传统的 TE 技术主要通过 MPLS 或 MPLS 与 OSPF 混合技术实现。由于传统网络架构可扩展性差、部署 MPLS 尚需付出昂贵的专用设备代价,致使支持多角度的 TE 策略(如面向动态调度、保障不同 QoS 或 QoE 的 TE)变得更加困难。近年来,新型网络架构(如 SDN)、新型数据传输管理技术(如分段路由)的兴起为面向多角度的 TE 策略研究提供了新的发展动力,使复杂多角度的 TE 研究不仅局限在纸面上。本书从静态调度和动态调度角度总结相关工作,具体如下。

1)静态调度

文献[15]针对 MPLS 网络中存在多路径约束(网络带宽、路由跳数)流量均衡问题,构造网络最优化表达式并提出智能路径搜索算法以符合 MPLS 网络的特性。

文献[16]提出基于 ECMP(equal-cost multi-path,等价多路径路由)的流量工程架构,并从算法方面分析求解基于 ECMP 最优化流量工程策略的复杂度与网络链路权值设置之间的关系。文献[17]针对复杂工业环境中,由于物理环境的噪声导致的工业无线传感器网络节点失效、数据传输噪声大、数据传输距离短等一系列问题,提出基于自动导引车辅助的数据传输规划算法,并分别设计了基于临时链路和移动交付的 TE 部署方案,以保障对各种故障情况的可靠数据传输。文献[18]详细分析了基于 MPTCP(multi-path TCP,多径 TCP)的 TE 策略在实际部署中的效率问题,并认为选择数据路由路径的不稳定性(如动态变化的路径带宽)和路径上数据包的调度策略是影响基于 MPTCP 数据流的关键,然而现有网络平台并不支持灵活切换 MPTCP 的数据路由路径。文献[19]提出面向工业无线传感器网络的双跳梯度路由以提高网络数据传输的实时性和节能特性。在实际部署 TE 中,所提出的路由算法基于双跳信息进行数据路由,而不是基于双跳的距离进行数据路由。此外,在实际部署中,采用确认控制机制以降低能量消耗和计算复杂性。文献[20]提出了一种基于 IEEE 802.15.4a MAC 的大型工业无线传感器网络的 TE

方案。所提方案将传统网络架构层次化分类，以提高网络可扩展性，通过估计每条路由路径的跳数和剩余能量，以计算最优的 TE 数据分发策略，继而通过优化网络资源分配，降低数据传输时延。文献[21]提出一个最优路由框架以实现最优 TE，该架构通过 OSPF 或 MPLS 技术实现，其核心思想在于将网络的剩余传输能力（带宽）最优地分配给网络中的每条相关链路，继而平衡网络剩余传输能力与各条路径跳数之间的关系，在保障网络被充分利用的前提下，实现时延与带宽的最优平衡。

2）动态调度

文献[22]针对网络中的时变流量问题，提出基于网络短期和长期流量及需求预测的动态 TE 策略，首先该策略基于短期流量特征及业务需求预测长期流量及业务特征，采用时空影响域的方法预测短期流量特征对长期网络状态的时空影响，继而动态地调整网络带宽资源，以使网络中某些负载过高的链路释放其数据传输任务。文献[23]针对网络中的工业数据中心存在的数据传输节点和链路拥塞问题，利用数据中心网络流量动态性的特点，监控网络中某些关键链路的吞吐量，提出基于贝叶斯网络的网络动态流预测方法，预测在一定时间段内，网络整体流量的变化趋势，继而动态调整网络中某些关键节点的负载，在保证数据可以安全传输的前提下，实现负载均衡。文献[24]提出基于无线传输和有线传输混合模式下的数据中心网络以处理工业应用大数据在传输数据过程中导致的某些节点负载过高问题，通过权衡数据传输完成时间与无线传输对网络全局的影响继而动态地分配网络资源，实现网络全局最优的流量规划。文献[25]提出采用 VNF（virtual network function，网络功能虚拟化）创建更加灵活和动态的网络服务。针对以保障网络 QoS 为目标的数据传输服务，采用混合线性规划表达式以优化考虑 VNF 的传输和处理时延为最终目标，最终动态地根据客户需求优化数据流，以满足用户的 QoS 需求。文献[26]针对工业数据中心网络中存在的数据传输价格与面向 QoS 的流量工程之间的博弈问题，设计并提出了一个基于动态定价的流量工程架构——Pretium。Pretium 在保障整体数据传输质量的前提下，通过监测并收集网络中每条链路的价格和带宽，并通过历史数据预测每条链路的变化，继而动态地制定 TE 策略，为数据传输服务提供可接受的价格开销。

3. 基于新型网络架构技术的数据传输保障方案研究现状

传统的 TE 策略缺乏处理各种流量规划场景的灵活性，许多研究工作往往仅适用于单一 TE 场景。基于 SDN 的 TE 管理方案通过控制平面和数据平面的分离，以及集中式的网络全局视图，不但降低 TE 部署管理的复杂性，同时还能降低网络数据传输调度时延，保障数据传输质量，最终提高网络数据传输规划性能。

Google B4 网络[27]的成功部署展示了未来基于 SDN 技术的工业数据中心在实际应用中的魅力。Google 通过在其数据中心网络中的关键节点部署 Open Flow 超级交换机，采用 max-min fairness（最大最小公平）策略优化其数据中心中面对的多业务数据流，并利用带宽聚合技术、流量离散化技术实现网络流量的灵活分配。实验表明，Google 的 TE 方案可以大幅度提升网络空闲链路的利用率，实现流量均衡。受到 Google B4 网络成功部署的鼓舞，相关学者针对网络 TE 策略的不同目标，为基于 SDN 架构的网络制定了更加复杂的 TE 策略[28-31]。文献[32]以保障网络中基于多指标 QoS 约束的 TE 为目标，利用 Open Flow 技术，提出具有网络拓扑感知功能，网络中每条链路的链路时延、丢包率、带宽监控功能的综合平台 OpenNetMon。基于 OpenNetMon，可以实现更细粒度的 TE，然而文献[32]并没有给出详细的 TE 实现方案。文献[33]提出基于 SDN 的网络在部署 TE 的过程中，存在巨大的网络监控开销问题，通过监控网络中某些关键链路的 QoS 指标，利用基于强化学习的随机神经网络，训练网络状态数据，继而提出以保障单 QoS 指标为目标的 TE 优化平台——CRE。文献[34]针对传统网络向 SDN 网络的过渡问题，提出基于 SDN/OSPF 混合网络架构的流量工程模型，并证明当网络中有 30%的节点为 SDN 节点时，可通过部署网络流量均衡策略实现网络流量均衡分配。文献[35]通过仿真实验证明，在基于 SDN 的混合网络中，真正影响 TE 策略效率的是网络当前的拓扑结构即转发图和网络当前的流量分布特性，定义并提出采用统一转发图，并基于统一转发图构造基于当前网络流量分布特征的最大网络吞吐量转发图，继而部署 TE 策略。文献[36]针对传统基于 SDN 技术的 TE 中需要独立配置路由路径中每个相关交换机的控制信令开销过大问题，提出利用分段路由技术，通过在路由路径的边界交换机配置源路由标签，继而实现数据"分段路由"，用数据流片段取代独立流表，提升网络 TE 部署效率。文献[37]针对基于 SDN 的网络在部署 TE 策略时无法应对 DDoS（distributed denial of service，分布式拒绝服务）攻击的问题，提出一款主机自适应判别系统 DrawBridge，DrawBridge 通过与控制器的交互实时学习 DDoS 攻击特征，继而自适应地判断潜在的 DDoS 攻击行为并部署 TE 保障数据流。文献[38]提出基于 SDN 技术的蜂窝网络架构，提出采用分布式虚拟平台处理网络业务，继而形成服务数据链，采用基于最小化最大服务链负载的思想制定 TE 策略，以使其可用线性规划表达式表达，继而可在多项式时间求解。

## 参 考 文 献

[1] 王兴伟, 李婕, 谭振华, 等. 面向"互联网+"的网络技术发展现状与未来趋势[J]. 计算机研究与发展，2016, 53(4): 729-741.

[2] SEZER S, SCOTT-HAYWARD S, CHOUHAN P K. Are we ready for SDN? Implementation challenges for software-defined networks[J]. IEEE Communications Magazine, 2013, 51(7): 36-43.

[3] KREUTZ D, RAMOS F M V, VERISSIMO P, et al. Software-defined networking: A comprehensive survey[J]. Proceedings of the IEEE, 2015, 103(1): 14-76.

[4] NUNES B A A, MENDONCA M, NGUYEN X N, et al. A survey of software-defined networking: Past, present, and future of programmable networks[J]. IEEE Communications Surveys & Tutorials, 2014, 16(3): 1617-1634.

[5] YEGANEH S H, TOOTOONCHIAN A, GANJALI Y. On scalability of software-defined networking[J]. IEEE Communications Magazine, 2013, 51(2): 136-141.

[6] ONVURAL R O. Asynchronous transfer mode networks: Performance issues[M]. NewYork: Artech House, Inc., 1995.

[7] DAVIE B S, REKHTER Y. MPLS: Technology and applications[M]. Burlington: Morgan Kaufmann Publishers Inc., 2000.

[8] BHATIA R, HAO F, KODIALAM M, et al. Optimized network traffic engineering using segment routing[C]// In IEEE 2015 Conference on Computer Communications (INFOCOM). Hong Kong: IEEE, 2015: 657-665.

[9] AWDUCHE D, BERGER L, GAN D, et al. RSVP-TE: Extensions to RSVP for LSP tunnels[R]. 2001.

[10] DAVOLI L, VELTRI L, VENTRE P L, et al. Traffic engineering with segment routing: SDN-based architectural design and open source implementation[C]// In IEEE 2015 European Workshop on Software Defined Networks. Bilbao: IEEE, 2015: 111-112.

[11] MCKEOWN N, ANDERSON T, BALAKRISHNAN H, et al. Open Flow: Enabling innovation in campus networks[J]. ACM SIGCOMM Computer Communication Review, 2008, 38(2): 69-74.

[12] JAIN R, PAUL S. Network virtualization and software defined networking for cloud computing: A survey[J]. IEEE Communications Magazine, 2013, 51(11): 24-31.

[13] LI X, LI D, WAN J, et al. Adaptive transmission optimization in SDN-based industrial internet of things with edge computing[J]. IEEE Internet of Things Journal, 2018, 5(3): 1351-1360.

[14] FANG X, LUO J, LUO G, et al. Big data transmission in industrial IoT systems with small capacitor supplying energy[J]. IEEE Transactions on Industrial Informatics, 2019, 15(4): 2360-2371.

[15] LEE Y, SEOK Y, CHOI Y. Traffic engineering with constrained multipath routing in MPLS networks[J]. IEICE Transactions on Communications, 2004, 87(5): 1346-1356.

[16] CHIESA M, KINDLER G, SCHAPIRA M. Traffic engineering with equal-cost-multipath: An algorithmic perspective[J]. IEEE/ACM Transactions on Networking (TON), 2017, 25(2): 779-792.

[17] DUAN Y, LI W, FU X, et al. Reliable data transmission method for hybrid industrial network based on mobile object[C]// In Springer 2016 International Conference on Internet & Distributed Computing Systems. WUHAN: Springer International Publishing, 2016: 466-476.

[18] ARZANI B, GURNEY A, CHENG S, et al. Impact of path characteristics and scheduling policies on MPTCP performance[C]// IEEE 2014 International Conference on Advanced Information Networking and Applications Workshops. Victoria: IEEE, 2014: 743-748.

[19] QUANG P T A, KIN D-S. Enhancing real-time delivery of gradient routing for industrial wireless sensor networks[J]. IEEE Transactions on Industrial Informatics, 2012, 8(1): 61-68.

[20] LONG N B, TRAN-DANG H, KIM D S. Energy-aware real-time routing for large-scale industrial internet of things[J]. IEEE Internet of Things Journal, 2018, 5(3): 2190-2199.

[21] XU K, SHEN M, LIU H, et al. Achieving optimal traffic engineering using a generalized routing framework[J]. IEEE Transactions on Parallel and Distributed Systems, 2016, 27(1): 51-65.

[22] CAO Z Z, KODIALAM M, LASKSHMAN T V, et al. Joint static and dynamic traffic scheduling in data center networks[J]. IEEE/ACM Transactions on Networking (TON) , 2016, 24(3): 1908-1918.

[23] OTOSHI T, OHSITA Y, MURATA M, et al. Traffic prediction for dynamic traffic engineering[J]. Computer Networks, 2015, 18(7): 36-50.

[24] YONG C, HONGY W, XIUZ C, et al. Dynamic scheduling for wireless data center networks[J]. IEEE Transactions on Parallel and Distributed Systems, 2013, 24(12): 2365-2374.

[25] LONG Q, CHADI A, KHALED B, et al. Delay-aware scheduling and resource optimization with network function virtualization[J]. IEEE Transactions on Communications, 2016, 64(9): 3746-3758.

[26] JALAPARTI V, IVAN B, SRIKANTH K, et al. Dynamic pricing and traffic engineering for timely inter-datacenter transfers[C]// In ACM 2016 SIGCOMM Conference. Brazil: ACM SIGCOMM, 2016: 73-86.

[27] JAIN S, KUMAR A, MANDAL S, et al. B4: Experience with a globally-deployed software defined WAN[J]. ACM SIGCOMM Computer Communication Review, 2013, 43(4): 3-14.

[28] GUO Y, WANG Z, YIN X, et al. Traffic engineering in SDN/OSPF hybrid network[C]// In IEEE 2014 International Conference on Network Protocols. Triangle area of North Carolina: IEEE, 2014: 563-568.

[29] AGARWAL S, KODIALAM M, LAKSHMAN T V. Traffic engineering in software defined networks[C]// In IEEE 2013

INFOCOM. Turin: IEEE, 2013: 2211-2219.

[30] CARIA M, JUKAN A, HOFFMANN M. A performance study of network migration to SDN-enabled traffic engineering[C]// In IEEE 2013 Global Communications Conference (GLOBECOM). Triangle area of North Carolina: IEEE, 2013: 1391-1396.

[31] AKYILDIZ I F, LEE A, WANG P, et al. A roadmap for traffic engineering in SDN-Open Flow networks[J]. Computer Networks, 2014, 71(10): 1-30.

[32] VAN ADRICHEM N L M, DOERR C, KUIPERS F A. Opennetmon: Network monitoring in Open Flow software-defined networks[C]// In IEEE 2014 International Conference on Network Operations and Management Symposium (NOMS). Singapore: IEEE, 2014: 1-8.

[33] FRÉDÉRIC F, GELENBE E. Towards a cognitive routing engine for software defined networks[C]// In IEEE 2016 International Conference on Communications Conference. South-East Asia: IEEE, 2016: 1-6.

[34] GUO Y, WANG Z, YIN X, et al. Traffic engineering in SDN/OSPF hybrid network[C]// In IEEE 2014 International Conference on Network Protocols (ICNP). Triangle area of North Carolina: IEEE, 2014: 563-568.

[35] WANG W, HE W, SU J. Enhancing the effectiveness of traffic engineering in hybrid SDN[C]// In IEEE 2017 International Conference on Communications (ICC). Paris: IEEE, 2017: 1-6.

[36] DAVOLI L, VELTRI L, VENTRE P L, et al. Traffic engineering with segment routing: SDN-based architectural design and open source implementation[C]// In IEEE 2015 European Workshop on Software Defined Networks (EWSDN). Bilbao: IEEE, 2015: 111-120.

[37] LI J, BERG S, ZHANG M, et al. Drawbridge: Software-defined DDoS-resistant traffic engineering[J]. ACM SIGCOMM Computer Communication Review, 2015, 44(4): 591-592.

[38] GAU R H, TSAI P K. SDN-based optimal traffic engineering for cellular networks with service chaining[C]// IEEE 2016 International Conference on Wireless Communications and Networking. New York: IEEE WiMob, 2016: 1-6.

# 第 2 章　工业互联网数据传输保障技术内容

工业互联网涉及技术很多，结构复杂混沌，其中包含的通信与网络规律数量众多。本章从 4 个方面探讨"工业互联网时延敏感性数据传输保障机制"所涉及的关键技术：面向工业互联网的数据获取与分析技术；基于 SDN 架构的数据传输保障技术；面向 QoS 的数据传输保障技术；基于边缘计算的数据传输优化技术。

## 2.1　面向工业互联网的数据获取与分析技术

### 2.1.1　网络流量测量技术

网络流量测量作为认识工业互联网的基本手段，是获取网络各特征参数样本的关键技术，是分析网络数据传输性能的基础，它可以把复杂抽象化的网络通过可视化技术展示给普通用户和科研人员，为工业互联网架构的设计与优化提供宝贵的分析数据基础[1]。

1. 网络测量技术分类

1）主动测量技术

主动测量技术指利用成熟的互联网数据传输技术设计探测数据包，利用网络路由技术，对网络中某一固定的 IP 地址或地址域进行主动探测，通过捕获响应数据包，提取数据包有效信息，继而了解网络性能和路由参数等特性[2]。traceroute（在 Windows 系统下是 tracert）利用 IP 地址生存时间（time to live，TTL）字段和 ICMP（Internet control message protocol，Internet 控制报文协议），采用主动探测的方式确定从一个探测源到探测目的端的路由，其工作原理如图 2.1 所示。traceroute 利用 ICMP time exceeded 消息，通过逐一增加 TTL 值（初始值为 1），直到探测到目的端，至此，目的端不再回应 ICMP time exceeded 消息。由于每次向 UDP 不常用的端口发送数据包，因此，当 ICMP 到达目的端时，会回送 ICMP port unreachable 消息，继而完成一次探测。例如，CAIDA Ark 探测项目采用 scamper 测量工具，利用 traceroute 技术向网络中可用的 IPv4/IPv6 地址主动发送探测数据包，以此发现网络性能特征和路由拓扑。主动测量技术具有部署方便、隐私性好、无须配置网络核心设备等诸多优点。为了解决主动测量中出现的问题，提高主动测量的精度，相关学者针对不同业务中存在的问题，提出了解决方案。例如，文献[3]利用光谱学，提出数据包间隔时延分析方法，并对量子化条件下的数据周期时延受限条件的带宽进行分析。文献[4]利用蒙特卡洛随机抽样理论，向随机抽取的 IP 项目发送探测数据包，继而可以评估全网的链路利用率。文献[5]利用硬件产生随机时间戳，提出可预测的同步时钟算法，以此获得相当于 GPS 定位精度的有效时间戳。

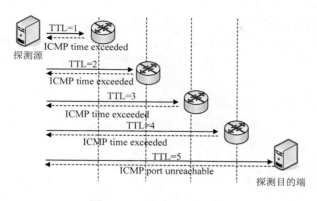

图 2.1　traceroute 工作原理

2）被动测量技术

被动测量技术指针对网络中的特定位置部署网络数据流专用监控设备，继而实时抽取网络有效数据，提取有效信息，按照网络监控服务目标处理数据，以获取网络性能、服务、路由参数等[6]。利用被动测量技术可以有效地发现网络数据传输与路由错误，可以实时感知网络性能的变化态势。现阶段，被动测量技术主要包括以下 3 种方式。

（1）服务器端测量：在服务器端口设置网络数据监控程序，以此监控网络重要节点和链路的服务性能。例如，文献[7]提出一款大型多用户分布式被动测量系统，该系统部署在多业务服务器端，可以在一定误差范围内，测量每个业务请求的响应准确性、响应时间等特性。

（2）客户端测量：在特定用户的应用中封装监测的功能，并实时地对相关业务进行测量。例如，文献[8]提出一种面向客户端 TCP 连接性能的被动测量技术，该技术可以计算 TCP 流的拥塞窗口和端到端往返时延。

（3）随机探针式测量：利用大数据统计分析方法，找出影响网络性能或业务的关键节点，继而部署监控程序，实时监控网络数据。该方法可用来对大规模网络进行监控。例如，文献[9]通过在网络中的关键位置部署被动测量监控程序，通过监控不同节点在不同时间的下载速度以评估网络性能。

与主动测量相比，被动测量有很多优点，如被动测量不需要向网络中发送额外的探测数据包，从而可以减轻网络负载，提升网络利用率。然而，由于区域限制，每个被动测量设备只能测量其管辖范围内的区域网络，因此，若要掌握网络全局状态，大部分被动测量平台都采用分布式协同控制方式。

2. 网络测量架构

由于互联网及物联网技术的飞速发展，网络规模的不断扩张，致使网络测量架构的更新远远落后于当前互联网在规模上的发展速度。因此，利用新兴网络技术更新现有网络测量架构成为互联网数据分析基础的重中之重。现阶段，网络测量架构主要有以下 3 种[10]。

（1）集中式测量：即针对网络中的单一节点或探测目标，进行连续不间断的探测，继而获取相关探测链路或被探测节点的响应信息，以评价相关特定路由路径的数据传输质量优劣。然而，该结构虽然可以对某一特定目标进行精确探测，但违背互联网分布式的主体设计思想，即对某一特定探测服务器过分依赖，或高度占用某一特定网络资源，造成网络拥塞，探测目的单一，不利于掌握网络全局状态，无法为后期流量工程提供有效的网络全局视图。因此，该结构势必会被分布式测量结构取代。

（2）分布式测量：早期的分布式测量结构的核心包含两部分：任务部署单元和网络测量单元，其中任务部署单元为每个网络测量单元计算探测任务，由网络测量单元具体执行网络探测任务，如早期在欧洲部署的 RIPE（Reseaux IP Europeens Network Coordination Centre）[11]。然而，该类分布式测量方式由于可扩展性差等缺点，亦不适用互联网的飞速发展，继而基于 P2P（peer to peer，点对点）思想的分布式测量结构在近些年来被引用到实际探测项目中来，如 CAIDA Ark 探测项目[12]。在该类分布式网络测量结构下，网络中的探测节点彼此间逻辑上独立分布，但在某些具体探测业务上彼此间又相互依存，如 CAIDA 的 vela 探测项目[13]可以利用多个探测节点对某一探测目标进行多方位协同探测。此外，该类网络探测结构可以有效抑制由于单点失效所造成的局部不可探测即"网络黑洞"问题，如在 pMeasure 探测项目中[14]，各分布式测量单元可以实时协同计算探测任务并动态部署探测任务。

（3）基于新型网络架构的网络测量：现阶段，基于传统 TCP/IP 的互联网，由于受到协议和接口的限制，不利于大规模网络测量架构部署。例如，现有 TCP 或 UDP 没有预留专用字段以记录数据时间戳，继而无法精确计算各段路由器链路时延。近年来，许多新兴网络架构技术的出现为新型网络测量架构提供了新的发展方向和标准，例如，文献[15]基于软件定义网络，利用 Open Flow 协议设计了一款网络测量工具，可以准确测量网络各链路负载和时延。

### 2.1.2 网络测量的核心内容

网络测量的核心内容包含网络性能测量和网络结构（拓扑）测量。其中，网络性能测量的内容主要包含网络数据吞吐量、网络延迟（延迟抖动）和网络丢包率等性能指标。网络结构测量包含 3 个层级，即 IP 级拓扑测量、路由级拓扑测量和 AS（autonomous system，自主系统）级拓扑测量。其中，IP 级拓扑和路由级拓扑可由主动测量方法获得，而 AS 级拓扑可由 IP 级或路由级拓扑推断获得，如图 2.2 所示为包含 4995 个节点的互联网 AS 级拓扑[16]。互联网中 3 个不同层级的拓扑可定义如下。

（1）IP 级拓扑：即利用 CAIDA Ark Scamper 探测技术探测到的互联网原始 IP 地址路径组成的网络拓扑，其中每个节点为一个 IP 地址，每条边（链路）为在探测路径上相邻的两个 IP 地址。

（2）路由级拓扑：与 IP 级拓扑类似，在路由级拓扑中，每个节点为一个路由器，而每条链路由路由表中相邻的两个路由器组成。路由级拓扑可由 IP 级拓扑解析而得。在 IP 级拓扑中，由于 IP 别名问题（同一个路由器的各转发端口 IP 地址不同），每对路径上相邻的 IP 地址，并不代表路由表中两个相邻的路由器。

（3）AS 级拓扑：在 AS 级拓扑中，每个节点实际为一个互联网服务提供商（Internet

service provider，ISP）编号，而每条边表征的是 ISP 之间存在的潜在交互关系。互联网 AS 级拓扑实际上对外表现为互联网 ISP 之间存在的潜在交互关系。然而，由于商业机密等诸多问题，该类关系有时候是处于保密状态的，不仅影响网络性能，如互联网在地域上的绕路现象[17]，而且还给 AS 级拓扑的准确测量带来挑战。第 3 章提出一种 IP 地址联合映射方案，从另一方面分析互联网的地域性结构差异给互联网性能带来的影响。

图 2.2　包含 4995 个节点的互联网 AS 级拓扑

网络各层级拓扑作为互联网的物理结构基础，为互联网数据传输业务提供了保障。网络性能和网络结构分析侧重点不同，但二者却又相辅相成。网络结构决定网络性能，网络性能分析实际上反映了网络某种层级拓扑的结构特点，可用于指导网络结构再设计[18-21]。

### 2.1.3　分析方法

本节介绍一种基于复杂网络理论的网络结构及性能分析架构。网络结构研究的基本理论是图论。基于图论的网络结构可定义如下。

**定义 2.1**　**网络**　网络 $G(V,E)$ 由节点集 $V$ 和边集 $E$ 组成，其中节点 $v \in V$ 表示网络中一个存在的实体，边 $e = (u,v) \in E$ 表示实体 $u, v \in V$ 之间的相互关系。例如，在基于 traceroute 技术探测的 IP 级互联网探测路径中，每个节点为一个 IP 地址，每条边为探测路径上的先后两个 IP 地址。此外，在网络 $G$ 中，若 $e = (u,v)$ 与 $\bar{e} = (v,u)$ 表示同一条边，那么 $G$ 为无向网络，反之，$G$ 为有向网络。

因此，根据定义 2.1，同一类实体中的不同个体，由于关系限制不同，可构成不同的复杂网络。

复杂网络理论研究方法指通过定义"网络度分布"、"网络核数"和"网络平均距离"等特征量以研究网络结构在统计学上的特征，继而通过解析特征量的物理性质分析网络结构性质。近年来，万维网（world wide web，WWW）、地震关系网[22]、软件网络[23]、生态系统的食物链相继被证明表现出极强的复杂网络特性，即无标度网络特性[24]和小世界网络特性[25]。此外，复杂网络及其相关理论已经逐渐被应用到提升互联网[26]、无线传感器网络、电话通信网络[20]的结构和性能等诸多方面。复杂网络理论包含两个方面：网络抽象与特征分析；网络的传播性能与控制。本书将重点介绍一种基于复杂网络中心化理论的网络性能分析方法。

中心化度量方法指采用定量方法对每个节点处于网络中心地位的程度进行描述，从而描述整个网络的核心位置。中心化度量方法已经被广泛应用于度量复杂系统中的关键因素，相关学者通过"点"中心化指标，量化对应的"边"，以寻找影响"问题抽象网络"最关键的传播动力学因素[27-28]。针对有向连通图 $G(V, E)$，节点 $u$ 的度值中心化值定义如下。

**定义 2.2** 度值中心化（degree centrality）　表示在静态网络中节点产生的直接影响力，是研究无标度网络拓扑结构的基本参数，其值可用与该节点直接相连的边数表示（在本书的有向图样本中，节点度值为出度与入度之和）。节点 $u$ 的度值为

$$\mathrm{dc}(u) = k_u \qquad\qquad (2.1)$$

其中，$k_u$ 为与节点 $u$ 直接相连的边数。图 2.3 所示为 BA 网络拓扑，其中节点的大小代表节点的度值大小。

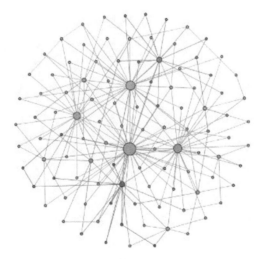

图 2.3　BA 网络拓扑（节点：105；链路：210）

**定义 2.3** 介数中心化（betweenness centrality）　用来刻画网络中的节点对于信息流动的影响力，描述节点对全网信息流动的桥连接作用。节点 $u$ 的介数值为

$$\mathrm{bc}(u) = \sum_{k \neq u, k \neq v} \frac{n_{vk}(u)}{n_{vk}} \qquad\qquad (2.2)$$

其中，$n_{vk}$ 表示节点 $v$ 到节点 $k$ 的最短路径数量；$n_{vk}(u)$ 表示节点 $v$ 到节点 $k$ 经过节点 $u$ 的最短路径数量。

**定义 2.4** 紧密度中心化（closeness centrality）　用于刻画网络中的节点通过网络到达网络中其他节点的难易程度。节点紧密度值越大，说明比其他节点更"浅"（在网络分析中，表示有更短的平均距离），越处于网络的中心位置。针对网络规模大小为 $|V|$ 的节点集 $V$，节点 $u$ 的紧密度为

$$cc(u) = \left( \sum_{v=1}^{|V|} d_{uv} \right)^{-1}$$　　　　　　（2.3）

其中，$d_{uv}$ 表示节点 $u$ 到网络中的任意节点 $v$ 的最短路径边数。

## 2.2　基于 SDN 架构的数据传输保障技术

### 2.2.1　软件定义网络技术

SDN 是一种数据控制分离、软件可编程的新型网络体系架构。SDN 的技术特性可以缓解互联网因主体结构的异构性所带来的可扩展性差的缺点，对互联网的发展具有很重要的指导意义[29-31]。在互联网中引入 SDN 技术，具有以下优点。

（1）集中化管理：利用 SDN 技术，可以全局掌握网络状态（包括网络的拓扑结构和流量状态），继而可以全局性地部署网络控制和流量工程策略。

（2）虚拟化：利用 SDN 技术，虚拟化网络各异构设备与功能并向控制层提供统一数据管理与网络控制接口，实现逻辑上的集中管理。SDN 逻辑上集中式管理的特点使更细粒度、更高效的互联网流量管理、规划、测量成为可能，而不需要彻底暴露底层基础设施。

（3）灵活性：可灵活地调整互联网的组件，以根据业务需求和数据流变化来最大限度地提高性能和安全性。SDN 能够基于新流量模式、安全事件和政策变更来动态地改变网络行为，这可以帮助互联网实现其目标。

SDN 作为一种新兴的网络管理模式，旨在改变传统网络的缺点、打破传统的网络基础设施的限制。SDN 通过定义控制层和数据转发层的统一接口实现集中式的控制平面和分布式的数据转发平面，具有降低网络复杂度和管理成本的优点。由于控制面和数据面分离，网络中的设备只负责简单的数据转发任务，而不再担负数据处理控制任务，因而降低了网络设备的成本和复杂性，易于部署。网络中的数据处理任务统一集中式地由控制平面担负，从根本上消除了因网络设备异构性所带来的可扩展性差的缺点。

综上，SDN 技术可定义如下：SDN 是使用一组开放网络接口衔接多个功能独立的平面、实现网络可编程的网络体系架构，各平面间实现了功能的解耦、平面内进行了工作模块的高度协同、逻辑上集中的系统中实现了资源透明化和复杂的系统抽象，程序可以自由地控制网络中的各组成部分实现服务的灵活部署[32]。此外，集中式的网络控制架构使网络全局性控制成为可能，如部署负载均衡策略、QoS 路由等。可以说，SDN 技术的出现使全局视图假设下的传统网络研究变得更有意义了。

### 2.2.2　软件定义网络体系结构

针对 SDN 体系结构，尚存诸多争议，但普遍认为 SDN 体系结构包含 3 个平面和 4 个接口[33]，如图 2.4 所示。

1）3 个平面

（1）数据平面：在 SDN 中，数据平面由 SDN 控制器和 SDN 控制通道（定义控制器和数据传输单元的控制规范）共同决定，其包括一些网络数据传输单元（如符合 Open Flow 南向协议的交换机 Open vSwitch（OVS）[34]），每个网络单元都可以向控制器提供可供编程控制的接口并在控制器的指令下完成流量传输。

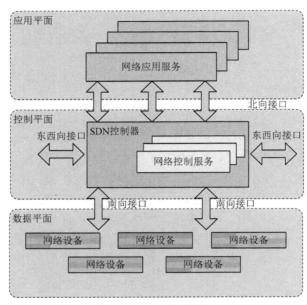

图 2.4　SDN 体系结构

（2）控制平面：SDN 控制平面，即 SDN 控制器，负责维护全局视图和执行应用平面所部署的业务。作为逻辑集中的实体或网络中的操作系统通过运行软件的方式控制网络硬件实体。

（3）应用平面：SDN 应用平面包含各类网络管理应用，如链路发现、拓扑管理、策略制定、流表下发等。此外，用户可以根据实际需求，定义适应目标流量的网络应用。

2）4 个接口

（1）南向接口：SDN 南向接口定义了 SDN 控制平面与数据平面的交互标准，SDN 通过标准的南向接口屏蔽了数据平面物理设备的差异性，继而实现网络资源虚拟化。SDN 控制器通过南向接口实现对数据平面的控制，执行应用平面定义的业务。例如，网络拓扑结构管理是利用南向接口的上行通道对底层设备查询上报统计实现的；流量工程是利用南向接口的下行通道对数据平面的转发设备下发流表实现的。

（2）北向接口：SDN 北向接口定义了控制平面与应用平面各业务的交互标准，其目的在于使上层应用可以充分规范地利用数据平面的底层设备。通过北向接口，网络资源管理业务可以通过控制平面掌握网络的全局资源状态，并统一分析规划调度，使业务开发人员可以通过编写网络程序控制网络。此外，由于北向接口是面对上层应用业务所定义的，因此根据不同控制平面和不同应用要求，设计是不同的，具有多样化的特点。

（3）东、西向接口：SDN 东、西向接口定义了控制器与控制器之间的交互标准。现阶段，基于单控制器控制平面的 SDN 由于资源原因限制了 SDN 的可扩展性。因此，采用分布式控制的控制平面可以提高 SDN 的可扩展性。

### 2.2.3　Open Flow 技术

Open Flow 协议于 2008 年在斯坦福大学提出，该协议起源于斯坦福大学的"Clean Slate"计划，旨在针对现有互联网或工业互联网存在的诸多问题提出一种可重构方案。协议一经发布，就受到了工业界和学术界的极大关注。Open Flow 由 ONF（Open Networking Foundation，开放网络基金会）负责维护和推广。项目发展至今，已经有诸多设备厂商推出其基于 Open Flow 协议的设备，致使 Open Flow 俨然已经成为 SDN 的代名词。

Open Flow 体系结构如图 2.5 所示。Open Flow 协议将传统网络中路由器的一部分功能（项目发展至今，主要针对数据路由转发功能进行标准化改造）解耦并统一迁移至一个共同的控制平面，即 SDN 控制器。通过定义数据平面（由被解耦设备的设备组成）和控制器之间的标准接口及交互消息格式实现数据平面和控制平面的通信。在数据平面的每个设备中，不再采用传统的路由表。取而代之，提出一种全新的数据转发流表（flow table），作为数据平面数据转发功能的操作接口。与传统网络相同的是，数据从每个设备端口流入，采用"匹配+转发"的方式，根据每个设备相关的控制器下发的流表（或多级流表）决定其转发端口。在每个 Open Flow 流表中，流表项包含"包头域+计数器+动作"，包头域包含"优先级+统计域+匹配域"等。路由更新不再采用传统网络中以 RIP/OSPF 协议为代表的路由更新方法。取而代之，由控制器统一计算路由，并在相关网络设备上通过初始化、添加、删除、更新等一系列操作部署路由策略。此外，Open Flow 控制器与交换机之间通过专用的信令通道（基于 TCP）进行信令交互以保障控制信令的安全性。

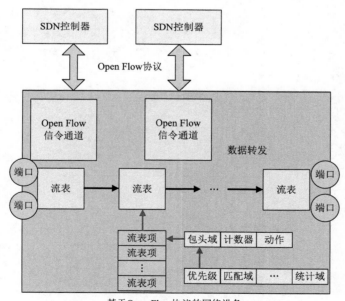

图 2.5　Open Flow 体系结构

### 2.2.4　基于 Open Flow 的端到端数据传输保障技术

Open Flow 1.0 版本便开始支持 QoS，如基于 Open Flow 队列（queue）技术的带宽保障机制。然而，在早期版本，只能限制数据流的最小带宽（min_rate）。从 Open Flow 1.2 版本开始，Open Flow 队列技术增加了数据流的最大带宽（max_rate）配置。在 Open Flow 1.3 版本，Open Flow 通过增加计量表（meter table）功能使基于 Open Flow 的带宽保障技术更加丰富。此外，从 Open Flow 早期版本开始，就在流表项的匹配域引入传统 IP 数据包"服务类型（type of service，TOS）"字段，且很多基于 Open Flow 协议的交换机（如 Open vSwitch）都开始支持对服务类型字段的读写功能，致使现阶段利用 Open Flow 可以实现更加复杂的 QoS 配置功能。

1. 队列

Open Flow 的队列技术实际上是一种在 Open Flow 交换机端口上实现的数据排队机制[35]。然而，尽管队列技术是一种基于 Open Flow 交换机的技术标准，但是 Open Flow 协议并没有规定队列技术的管理标准，只规定了与交换机针对相关队列信息的询问格式。队列管理（创建、删除、更改）只能通过交换机的配置脚本进行管理，如 OF-Config 或 Open vSwitch 的 OVSDB[36]。

图 2.6 所示为在 Open Flow 网络中，基于队列技术的 QoS 管理方案。若在每个基于 Open Flow 协议的网络交换机流表中有多个流表项，每个流表项的动作域都规定匹配流表项的数据从端口 1 或端口 2 转发出去。每个交换机端口都维护一个唯一可选的 QoS 配置表，且每个 QoS 配置表可与多个队列（速率限制不同）相关。不同流表项的动作域可指向同一端口同一 QoS 表的相同（或不同）队列。图 2.6 中下方黑色方框所示流表项 3 的详细配置。该流表项规定：若数据（从交换机的端口 1 流入；源地址：234.34.32.4；目的地址：234.34.32.5；ToS：56）流经该交换机，那么，交换机会把该数据从端口 1 的 QoS 配置表中的队列 1 转发出去。

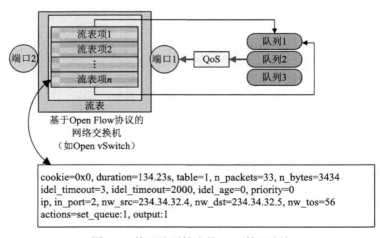

图 2.6　基于队列技术的 QoS 管理方案

现阶段，基于 Open Flow 的队列技术共有如下两种配置属性。

（1）min_rate：该属性定义了队列可维护数据流的最小带宽。若一个队列配置了 min_rate 属性，交换机将以牺牲其他流量传输为代价，提升该队列的优先级（以及任何通过该队列转发的数据流）来保障通过该队列的数据流的最小带宽。若在一个交换机的端口配置多个队列，且所有队列 min_rate 总和高于与该端口相关的链路最大带宽容量，那么此时，所有数据流的带宽都无法保障，交换机将根据各队列的 min_rate 比例为各数据流分配带宽。此外，若数据流实际带宽小于 min_rate 设定的属性值，那么该数据流将被阻塞。

（2）max_rate：该属性定义了队列可维护的最大带宽。若实际使用此队列的网络数据流量大于指定的 max_rate，数据流将被整形并在相关端口延迟入队。

此外，Open Flow 协议只规定了队列的设计属性，其具体实现细则还需厂家自己决定。例如，Open vSwitch 作为一款基于 Linux 的交换机，其队列属性是基于 Liunx 的流量控制架构实现的。利用 Open Flow 队列技术，可以实现许多复杂的 QoS 模型，例如，文献[37]利用多权限队列技术在 Open Flow 网络中实现一种可用的 IntServ 模型。第 4 章介绍了利用 Open Flow 队列技术保障数据流在多径路由过程中的带宽。

2. 计量表

计量表是在 Open Flow 1.3 版本中新引入的一个特性[38]。"计量"意味着对数据流的速率（吞吐量）进行监控，然后基于数据流的速率执行相关控制操作。与队列技术（与符合 Open Flow 协议的交换机端口相关）不同，计量表与 Open Flow 的流表项相关。计量表的每个计量表项由"计量标识+计量频带+计数器"组成，其中，计量频带指明了匹配数据流的带宽及频带类型，以及超过带宽限制的数据包处理行为。

在计量表项的计量频带，共定义了两种数据包处理行为类型。第一种类型是"drop"。在 drop 类型下，若数据流实际吞吐量超过计量频带定义的带宽限制，那么超过带宽的数据会被丢弃。第二种类型是"dscp remark"。该类型可以增加 IP 数据包头 DSCP 域的丢弃优先级，可以被用来实现一个 DiffServ 仲裁器。例如，如果一个 60Mb/s，ToS 值为 96 的数据流经过最大带宽限制为 40Mb/s 的计量表，若该计量表的计量表项类型为 dscp remark，超过限制的 20Mb/s 数据流的 ToS 值将被设置为 48，未超过带宽限制的数据流将仍维护原有 ToS 值（48）在网络中进行传输。

计量表作为队列技术的补充与队列技术有如下不同。

（1）队列技术不仅支持配置 max_rate 以限制数据流的最大带宽，还可以通过配置 min_rate 以限制数据流的最小带宽。同比之下，计量表技术只支持数据流最大带宽设置。

（2）队列技术无法通过 Open Flow 专用信道进行配置。同比之下，计量表可利用 Open Flow 标准命令通过专用信道进行配置。

# 2.3　面向 QoS 的数据传输保障技术

## 2.3.1　QoS 保障技术

QoS 指在网络中，利用各种网络技术为具有"特权"的数据流提供高性能传输的保障技术，以此缓解网络延迟和阻塞[39]。通过部署 QoS 技术，网络管理员可以充分利用网络资源，为被保障的数据流提供最适当的网络资源（而避免网络资源浪费）。例如，在互联网中，IP 电话和网络视频数据流对网络时延或时延抖动有更高的要求，相比之下，数据备份数据流要求网络有更小的丢包率和更稳定的带宽[40]。这就要求网络管理员为不同数据流合理分配网络资源，在保障各数据流 QoS 的前提下，充分利用网络资源，即使当网络出现拥塞或高负载状况时，网络各业务数据流仍不受影响。

网络 QoS 保障模型通常分为两类：非弹性 QoS 保障模型和弹性 QoS 保障模型[40]。非弹性 QoS 保障模型为被保障的数据流分配固定的网络资源，且该网络资源只能被该数据使用直至传输结束。此外，若当前网络的剩余资源无法满足被保障的数据流时，这些剩余资源仍然无法被其他数据流使用。相比之下，弹性 QoS 保障模型无法为被保障的数据流提供固定的网络资源，其保障策略是动态实时变化的。

现阶段，IETF（The Internet Engineering Task Force，国际互联网工程任务组）提出多种 QoS 保障方案，如 IntServ（integrated services，综合服务）模型[41]、DiffServ（differentiated services，区分服务）模型[42]和 QoS 路由[43-46]等。其中，IntServ 和 DiffServ 由于具有技术完整、相互补偿、提供分级服务的特点而备受关注。

## 2.3.2　IntServ

IntServ 是 IETF 最初尝试在互联网中部署的 QoS 模型。IntServ 利用两种 RSVP（resource reservation protocol，资源预留协议）消息（PATH、RESV）建立 QoS 数据传输连接。如图 2.7 所示，IntServ 建立 QoS 连接的过程如下：发送端发送 PATH 消息（包含上一跳路由 IP 地址、流量特征、QoS 请求），路径上每个收到 PATH 消息的路由器用 RESV 消息回送至上一跳路由并建立相应的 QoS 连接。

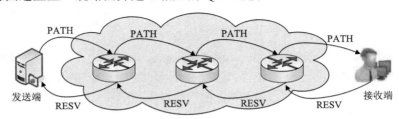

图 2.7　IntServ 建立 QoS 连接的过程

IntServ 将网络提供的数据传输 QoS 服务划分为以下 3 种类别。

（1）有保障的服务（guaranteed service）：有保障的服务为数据流提供定量的要求（包含端到端时延、带宽、丢包率）和保障措施，使数据流可以按照规划的 QoS 在网络中传输。

（2）受控负载的服务（controlled load）：当网络整体负载较大时，受控负载的服务可为数据流提供最大（且没有过载）的带宽以传输数据流。

（3）尽力服务（best effort）：即没有保障的数据传输服务。

由此可见，IntServ 的最大优点是为数据流提供分级的 QoS 保障服务。然而 IntServ 由于可扩展性太差、对路由器改造太大等问题，很难在现实网络中部署。

### 2.3.3　DiffServ

DiffServ 由 IntServ 发展而来，目的是解决 IntServ 可扩展性差的问题。与 IntServ 保障端到端 QoS 数据流的方式不同，DiffServ 重新定义 IP 数据包头部的 ToS 字段（改名为 DS）并采用 PHB（per-hop behaviour，逐跳行为）的方式进行调度转发。DiffServ 的基本思想是将具有相同 QoS 要求的业务流汇聚在边界路由器，而非像 IntServ 采用逐条处理的方式[47]，继而可以解决 IntServ 可扩展性差的缺点。DiffServ 利用 IP 数据包头部的 DSCP（differentiated services code point，差分服务代码）区分数据包 QoS 类型，以此汇聚数据流并按照分派的 PHB 执行相应操作。目前共有 3 种标准化的 PHB，分别是加速转发（expedited forwarding）、确保转发（assured forwarding）和尽力服务（best effort）[48]，其中确保转发又有 4 种子类型。表 2.1 为 PHB 与 DSCP 的对应关系。尽力服务和确保转发分别与 IntServ 的受控负载的服务和尽力服务相似，而加速转发为数据流提供绝对的 QoS 保障，以维护数据流在网络中以稳定的 QoS 在网络中快速转发。

表 2.1　PHB 与 DSCP 的对应关系表

| DSCP | PHB |
| --- | --- |
| 000000 | 尽力服务 |
| 101110 | 加速转发 |
| 001xxx、010xxx、011xxx、100xxx | 确保转发 |

虽然与 IntServ 相比，RSVP 可为数据流提供更稳定的 QoS 保障，但由于 RSVP 过于复杂，不适合在骨干网上部署。DiffServ 在部署时不影响网络路由，网络也不需要浪费额外的资源维护各条流的 QoS，且采用流量聚合的思想为同一类 QoS 要求的流提供保障，提高了网络 QoS 管理的可扩展性，但 DiffServ 不能完全依靠自己来提供端到端的服务，需要大量网络元素协同工作[49]。

### 2.3.4　基于网络动态流理论的 QoS 数据传输保障技术

1. QoS 路由

QoS 路由问题一直是计算机网络的研究热点与难点，也是保障工业互联网数据传输时效性的重要技术。IETF 在 RFC2386 中对 QoS 路由问题定义如下：QoS 路由是一种基于当前网络可用资源和网络业务流 QoS 要求的路由机制，包含路由协议和 QoS 路由算法[50]。其中，路由协议规定了互联网路由器之间底层的通信标准和路由器之间交互的规则（包括数据结构）[51]。QoS 路由算法指根据业务流的 QoS 要求，为被保障的业务流计算满足 QoS 条件的路由路径[52]。由于 QoS 路由问题复杂，不同 QoS 路由算法对被保障业务流的实际影响不同，对网络整体资源利用率的影响也不同。例如，著名的多 QoS 约束问题（multi-constrained path，MCP），指在一个资源受限网络中，针对一组端到端数据路由，寻找一条合适的路径，以满足被保障的数据传输的多个 QoS 指标。问题被证明为 NP-hard 问题[53]，且相关学者从不同方面已经提出诸多解决方案[43-45]。

此外，在现实中，网络中的业务数据是具有一定规模（大小）的且网络中的流量通常都不是静态的，是随时间变化的[54]。换言之，实时变化是网络流量的重要特征。然而，这些所谓的流不可能瞬时通过网络完成传输或某项业务，即需要一定时间通过网络。针对某条要通过某一网络且具有一定规模的业务流，相关路由策略的制定实际上只对业务流的目的接收端有影响，即流量到达目的端所需要的时间。因此，网络流量的动态性也是在制定 QoS 路由策略或面向 QoS 的数据传输机制时需要考虑的因素之一。本书将在第 4 章和第 5 章引入网络动态流理论。在详细解释网络动态流理论之前，先介绍网络静态流量守恒理论。

## 2. 网络静态流

在一个有向无环网络 $G(V,E)$ 中，网络中的每一条边 $e \in E$ 都有一个传输业务流的最大能力限制（如带宽）$b(e) > 0$，每一单元的业务流都需要在单元时间 $d(e) \geqslant 0$ 通过网络中的每条链路（$b(e)$、$d(e)$ 为整数），且需要付出代价 $c(e) > 0$ 单元。若在一个静态网络 $G$ 中，要从节点 $s$ 到节点 $t$ 传输一条业务流。网络 $G$ 为每条链路 $e = (u,v) \in E$ 分配 $f(e) \leqslant b(e)$ 单元流量传输能力（带宽）。针对 $G$ 中某条 $s-t$ 路径的中间节点 $v \neq s,t$，与其相关的上行和下行链路满足如下流量守恒关系：

$$\sum_{(u,v) \in G} f(u,v) = \sum_{(v,z) \in P} f(v,z), \quad \forall u,z \in V \tag{2.4}$$

即从一个节点流入的流与从这个节点流出的流大小相等。因此，源点 $s$ 和目的节点 $t$ 也满足如下流量守恒关系：

$$\sum_{(s,v) \in G} f(s,v) = \sum_{(u,t) \in P} f(u,t), \quad \forall u,v \in V \tag{2.5}$$

## 3. 网络动态流

网络动态流理论最初由 Ford 和 Fulkerson 提出[55]，其在满足静态流网络流量守恒的同时可简述如下。

**定义 2.5　网络动态流（flows over time）**　网络动态流指在时间 $\tau$ 内，网络中每条边 $e = (u,v) \in E$ 都有一个相关的非负 Lebesgue 可积函数 $f_e(\theta):[0,\tau) \to R \geqslant 0$；如果 $\theta \geqslant \tau - d(e)$，$f_e(\theta) = 0$；为了简化表述，$f_e$ 被定义为域值为 $R$ 的函数，因此，当 $\theta \notin [0,\tau)$ 时，$f_e(\theta) = 0$。在网络 $G$ 中，$f_e(\theta)$ 实际代表在时间 $\theta$ 内，流入链路 $e$ 的流量速率。若业务流在时间 $\theta$ 流入节点 $u$（链路 $e$ 的头节点），在时间 $\theta + d(e)$ 流出节点（链路 $e$ 的尾节点）。

下面通过图 2.8 所示示例解释定义 2.5 所述动态流模型。

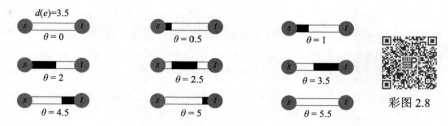

图 2.8　网络动态流示例

在时间 $\theta = 0$，链路 $e = (s,t)$ 为空闲链路并开始以速率 1（单元/时间）从节点 $s$ 发送业务流。具体如下：在时间 $\theta = 0.5$，节点 $s$ 共向链路发送了 0.5 单元的业务流；并在时间 $\theta = 2$，节点 $s$ 总共向链路发送了 2 单元的业务流并停止发送；目的节点 $t$ 从 $\theta = 3.5$ 开始接收业务流并在 $\theta = 4.5$ 接收 1 单元业务流；最后，所有业务流在 $\theta = 5.5$ 后抵达目的节点 $t$。

图 2.8 所示网络包含两个节点 $s$、$t$ 和一条需要 $d(e) = 3.5$ 单元时间通过的链路 $e = (s,t)$。从时间 0，在节点 $s$ 以 1 单元的流量速率发送业务流直到时间 2。因此，与时间 $\tau = 5.5$ 相关的网络动态流问题可表示为

$$f_e(\theta) = \begin{cases} 1 & \theta \in [0,2) \\ 0 & \text{其他} \end{cases} \tag{2.6}$$

那么，在时间 $\tau = 5.5$ 内，从节点 $s$ 向链路 $e = (s,t)$ 发送的业务流量可通过对函数 $f_e(\theta)$ 进行积分计算而得，即

$$\int_0^\tau f_e(\theta)\mathrm{d}\theta = \int_0^2 1 \times \mathrm{d}\theta + \int_2^{5.5} 0 \times \mathrm{d}\theta = 2 \tag{2.7}$$

此外，由于每单元业务流都需要 $d(e)$ 单元时间通过链路 $e$，因此，针对本例，在 2 单元时间前，在节点 $t$ 接收不到任何业务流。因此，在节点 $t$ 的接收流量速率可用如下非负 Lebesgue 可积函数表示：

$$f_e(\theta - d(e)) = \begin{cases} 1 & \theta \in [3.5, 5.5) \\ 0 & \text{其他} \end{cases} \tag{2.8}$$

网络动态流理论可用于指导面向互联网 QoS 的流量工程策略的制定，例如，文献[56]利用网络动态流理论和多径路由技术在保证数据在网络中可以快速传输的前提下，实现流量均衡。文献[57]利用网络动态流理论，提出一套基于 MapReduce 和多路径路由技术的流量聚合模型。本书在第 4 章和第 5 章分别利用多径路由技术、流量聚合技术及网络动态流技术为不同场景下的互联网，设计面向以保障时延为主的 QoS 流量工程策略。

## 2.4　基于边缘计算的数据传输优化技术

### 2.4.1　边缘计算技术的概念

随着物联网、工业互联网时代的到来，传统以云计算范式为主导的数据计算体系架

构已经无法满足越来越多的轻量级、无处不在的数据计算要求。边缘计算作为一种新型计算范式，被认为是下一代数据计算体系架构。作为云计算和底层设备的中间件，边缘计算组件通常被部署在网络的边缘端，即以边缘服务器的形式服务于网络底层，扩展网络功能，为网络提供更具扩展性的计算服务。因此，作为网络服务的中间层，边缘计算通常以"端—边—云"的体系架构服务于底层组件，并且通过高效的资源信息共享、资源分配策略，实现高效率、低延迟的网络服务。主要的协作方式共有以下 5 种。

（1）移动终端与边缘服务器之间的协同与服务请求。

（2）移动终端之间的信息协同与服务请求。

（3）移动终端与云计算中心之间的信息协同与服务请求。

（4）边缘服务器之间的协同。

（5）边缘服务器与云计算中心之间的协同与服务请求。

边缘计算除了可以实现快速服务响应，降低核心网络负载外，还具有如下特点与功能特性。

（1）降低云计算中心的计算负载：云计算中心虽然具有强大的计算和存储能力，但随着近些年工业互联网大数据应用服务呈指数型增长，云计算中心将面临负载过大、计算资源透支与不足的局面。此外，不仅计算资源受限，网络通信资源也面临着负载过大、通信资源消耗过快的问题。

（2）降低移动终端的能耗：传统的云计算中心通常部署在网络的"中心"位置。因此，任何云计算服务都需要经过较长的网络传播时延，才能在网络终端提供。那么，对于移动终端，需要较长的等待时间去接收云计算服务。这一传统计算服务过程需要在移动终端消耗过多的能量。不同于云计算，边缘计算更靠近网络边缘，可以大幅度减少网络端到端时延，继而提升移动终端的能源利用效率。

（3）无处不在的感知和计算能力：云计算中心需要部署高性能的服务器集群，而边缘基站成本较低，因此，可以大规模推广与部署，可以提供普适的、无处不在的计算和感知能力。此外，边缘基站还可以利用其强大的分布式协同能力，部署分布式计算与存储算法，实现高性能的分布式边缘计算范式。

（4）更强的隐私保护：传统基于"集中式"计算范式的云计算架构，需要在云计算中心集中存储和控制用户隐私。因此，一旦云计算中心发生安全问题，整个云计算中心的用户信息都有可能遭到泄露。而边缘计算则利用其分布式存储能力，通过分布式密钥技术存储和管理用户信息，继而实现更强的用户隐私保护。

## 2.4.2　边缘计算体系结构

边缘计算体系架构一般分为终端层、边缘层和云计算中心层，如图 2.9 所示。

（1）终端层：终端层包括各种移动或非移动终端，如各种工业物联网设备、智能机器人、无人机等。在终端层，移动终端设备不仅是数据计算服务消费者，而且是计算服务提供者。为了提供层次化的网络服务，提升网络服务可扩展性与可控制性，在终端层的设备不具有计算数据的功能，而仅具有数据转发功能，如将数据计算请求转发到边缘层和云计算中心层。

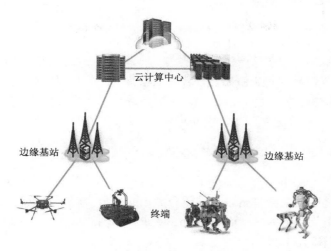

图 2.9 边缘计算体系架构

（2）边缘层：作为边缘计算体系架构的核心层，它位于网络的边缘，由广泛分布在终端设备和云计算中心层之间的边缘计算节点或基站组成。通常以路由器、智能网关、交换机等形式服务于终端层的移动设备。边缘层的边缘基站向下可以为终端层的移动节点提供数据计算，向上可以作为中间层，将终端层上传的终端数据转移到云计算中心层，以供进一步分析与计算。因此，边缘层要具备智能决策功能，以判断终端层上传的数据是否可以在一定 QoS 或 QoE 要求内完成计算服务。

（3）云计算中心层：云计算中心层由高性能计算服务器和存储模块组成，具有强大的传输和计算能力。云计算中心层通常处理边缘层无法处理的数据与服务，该类服务通常对时延要求不高，且数据规模通常不大。

常见的边缘计算系统架构可分为以下 3 种结构。

（1）端—边两层架构：该架构用来处理已知的固定数量级的小型底层应用。其架构与传统的云计算架构类似，只不过将云计算高性能服务器替换成轻量级、节能的边缘基站。该类架构普遍应用于面向服务级的工业互联网。

（2）边—云两层架构：该类架构实际上是一种边缘端与云计算中心的系统协同架构。在该架构下，云计算中心不再直接从底层设备获取数据及服务请求。作为边缘计算服务的深层扩展，云计算中心只负责与边缘层进行深度协作，处理边缘层处理不了的底层服务和数据。该类架构更适用于数据服务中心。

（3）端—边—云三层架构：该类架构是一种全面的集成架构。底层设备通过分析工业服务的性质和数据量，判断是否通过边缘基站或云计算中心去提供工业服务或处理工业数据。同样，作为一种异常处理机制，边缘端和云端也同样拥有信息协同与数据共享管理机制。换言之，云端也处理来自边缘的异常请求和数据。

### 2.4.3 边缘计算技术应用场景

边缘计算因其更灵活、更精确的环境感知能力，更强的隐私保护能力，更高的稳定性与可扩展性，将得到广泛推广与应用，并主要体现在以下研究领域或应用场景。

## 1. 工业互联网

在工业互联网中，频繁产生的海量数据使云计算中心的负载过高，且工业互联网中的数据通常具有很高的时延敏感性，若将数据传输到云计算中心，其过高的传播时延根本无法满足大数据的工业应用。因此，利用边缘计算技术，将云计算任务卸载到网络的边缘层，可以提供高效的工业互联网服务。

## 2. 智慧城市

边缘计算可以提供许多智慧城市服务，包括实时视频处理与分析、交通监控、安全监控、位置服务、应急处理等。这些智慧城市服务将会产生海量的异构数据并且其相关的智慧城市应用具有不同的 QoS 和 QoE 要求。利用边缘计算可以针对不同应用，整合系统资源，对不同数据进行整合分析，以实现城市智能管控。

## 3. 车联网

在 5G 通信技术的加持下，车联网必将迎来前所未有的发展前景。在现有车联网架构下，V2X（vehicle to everything，车用无线通信技术）通信模式需要低延时、高可靠性的通信与数据处理技术，尤其当部署车辆协同自动驾驶策略时。因此，在车联网中部署边缘计算技术必将提高车联网应用的适配性与功能性。

# 本 章 小 结

本章介绍了面向工业互联网的数据获取与分析技术、SDN 架构下数据传输保障技术、面向 QoS 的数据传输保障机制、基于边缘计算的数据传输优化技术等内容。

## 参 考 文 献

[1] SONG Y, LIU M, WANG Y. Power-aware traffic engineering with named data networking[C]// International Conference on Mobile Ad-hoc and Sensor Networks (MSN). Fuzhou City: Fujian Normal University, 2011: 289-296.

[2] REED M J. Traffic engineering for information-centric networks[C]// IEEE International Conference on Communications (ICC). Budapest: IEEE, 2012: 2660-2665.

[3] 程光，龚俭. 大规模高速网络流量测量研究[J]. 计算机工程与应用，2002 (5): 17-19.

[4] NAPPA A, XU Z, RAFIQUE M Z, et al. CyberProbe: Towards Internet-scale active detection of malicious servers[C]// Network and Distributed System Security Symposium. San Diego: SENT and USEC, 2014: 465-472.

[5] BROIDO A, KING R, NEMETH E, et al. Radon spectroscopy of inter-packet delay[J]. Teletraffic Science & Engineering, 2003(3): 3345-3355.

[6] 刘敏，李忠诚，过晓冰，等. 端到端的可用带宽测量方法[J]. 软件学报，2006 (1): 108-116.

[7] 谢应科，王建东，祝超，等. 网络测量中高精度时间戳研究与实现[J]. 计算机研究与发展，2010 (12): 2049-2058.

[8] HE L, WEI Q. Node-merging method in passive network topology detection[C]// IEEE Advanced Information Technology, Electronic and Automation Control Conference. Chongqing City: IEEE, 2016: 484-488.

[9] SESHAN S, STEMM M, KATZ R H. SPAND: Shared passive network performance discovery[C]// Usenix Symposium on

Internet Technologies and Systems on Usenix Symposium on Internet Technologies and Systems. California: IEEE, 1997: 13-21.

[10]　JAISWAL S, IANNACCONE G, DIOT C, et al. Inferring TCP connection characteristics through passive measurements[C]// IEEE Joint Conference of the IEEE Computer and Communications Societies. Hong Kong: IEEE, 2004: 1582-1592.

[11]　GERBER A, PANG J, SPATSCHECK O, et al. Speed testing without speed tests: Estimating achievable download speed from passive measurements[C]// DBLP. Melbourne: ACM, 2010: 424-430.

[12]　陈建勋，宋俊. 网络测量体系结构研究[J]. 科技创业月刊，2007(6): 198-199.

[13]　RIPE net. https: //www.ripe.net/.

[14]　CAIDA Ark. http: //www.caida.org/projects/ark/.

[15]　CAIDA vela. http: //www.caida.org/projects/ark/vela/.

[16]　LI J, WANG L. pMeasure: A peer-to-peer measurement infrastructure for the internet[J]. Computer Communications, 2006, 29(10): 1665-1674.

[17]　ADRICHEM N L M V, DOERR C, KUIPERS F A. OpenNetMon: Network monitoring in Open Flow software-defined networks[C]// IEEE Network Operations and Management Symposium. Krackow: IEEE, 2014: 1-8.

[18]　RouteViews. http: //www.routeviews.org/routeviews/.

[19]　LUCKIE M, HUFFAKER B, DHAMDHERE A, et al. AS relationships, customer cones, and validation[C]// IEEE Internet Measurement Conference. Barcelona: ACM, 2013: 243-256.

[20]　罗小娟. 基于复杂网络理论的无线传感器网络演化模型研究[D]. 上海: 华东理工大学, 2011.

[21]　ZHANG J, ZHAO H, XU J Q, et al. The K-core decomposition and visualization of Internet router-level topology[C]// IEEE Computer Science and Information Engineering. Los Angeles: IEEE, 2009: 231-236.

[22]　YUAN C, ZHAO Z, LI R, et al. On the emerging of scaling law, fractality and small-world in cellular networks[C]// IEEE, Vehicular Technology Conference. Toronto: IEEE, 2017: 1-7.

[23]　LI C, CHEN G. Synchronization in general complex dynamical networks with coupling delays[J]. Physica A Statistical Mechanics & Its Applications, 2004, 343(34): 263-278.

[24]　HE X, ZHAO H, CAI W, et al. Earthquake networks based on space-time influence domain[J]. Physica A Statistical Mechanics & Its Applications, 2014, 407(c): 175-184.

[25]　ZHANG H, ZHAO X, YU X, et al. Complex network characteristics and evolution research of software architecture[C]// IEEE Advanced Information Management, Communicates, Electronic and Automation Control Conference. Chongqing: IEEE and Chongqing Global Union Academy of Science and Technology, 2017: 1785-1788.

[26]　WANG W X, WANG B H, YIN C Y, et al. Traffic dynamics based on local routing protocol on a scale-free network[J]. Physical Review E Statistical Nonlinear & Soft Matter Physics, 2006, 73(2): 026111.

[27]　AMARAL L A N, SCALA A, BARTHELEMY M, et al. Classes of small-world networks[J]. Proceedings of the National Academy of Sciences, 2000, 97(21): 11149-11152.

[28]　GAN C, YANG X, LIU W, et al. Propagation of computer virus both across the Internet and external computers: A complex-network approach[J]. Communications in Nonlinear Science & Numerical Simulation, 2014, 19(8): 2785-2792.

[29]　TANG M, ZHOU T. Efficient routing strategies in scale-free networks with limited bandwidth[J]. Physical Review E, 2011, 84(2): 026116.

[30]　ZHANG G Q, WANG D, LI G J. Enhancing the transmission efficiency by edge deletion in scale-free networks[J]. Physical Review E, 2007, 76(1): 017101.

[31]　KIRKPATRICK K. Software-defined networking[J]. Communications of the ACM, 2013, 56(9): 16-19.

[32]　KIM H, FEAMSTER N. Improving network management with software defined networking[J]. IEEE Communications Magazine, 2013, 51(2): 114-119.

[33] NUNES B A A, MENDONCA M, NGUYEN X N, et al. A survey of software-defined networking: Past, present, and future of programmable networks[J]. IEEE Communications Surveys & Tutorials, 2014, 16(3): 1617-1634.

[34] 付韬. 软件定义网络中的分布式控制器系统优化研究[D]. 长春: 吉林大学，2016.

[35] KREUTZ D, RAMOS F M V, VERISSIMO P E, et al. Software-defined networking: A comprehensive survey[J]. Proceedings of the IEEE, 2015, 103(1): 14-76.

[36] Open vSwitch. http://docs.openvswitch.org/en/latest/.

[37] PALMA D, GONCALVES J, SOUSA B, et al. The queuepusher: Enabling queue management in Open Flow[C]// IEEE Third European Workshop on Software Defined Networks (EWSDN). Budapest: IEEE, 2014: 125-126.

[38] BRANDT M, KHONDOKER R, MARX R, et al. Security analysis of software defined networking protocols-Open Flow, of-config and OVSDB[C]// IEEE Fifth International Conference on Communications and Electronics (ICCE 2014). Socialist Republic of Vietnam: Hanoi University of Science and Technology Danang University of Technology HCMC University of Technology, 2014: 3454-3460.

[39] KRISHNA H, ADRICHEM N L M V, KUIPERS F A. Providing bandwidth guarantees with Open Flow[C]// IEEE Communications and Vehicular Technologies. Mons: IEEE, 2016: 1-6.

[40] BRAUN W, MENTH M. Software-defined networking using Open Flow: Protocols, applications and architectural design choices[J]. Future Internet, 2014, 6(2): 302-336.

[41] XIAO X, NI L M. Internet QoS: A big picture[J]. IEEE Network, 1999, 13(2): 8-18.

[42] PAN W, YU L, WANG S, et al. A fuzzy multi-objective model for provider selection in data communication services with different QoS levels[J]. International Journal of Production Economics, 2014, 147: 689-696.

[43] DUMKA A, MANDORIA H L, FORE V, et al. Implementation of QoS algorithm in integrated services (IntServ) MPLS network[C]// IEEE 2nd International Conference on Computing for Sustainable Global Development (INDIACom). Mumbai: IEEE, 2015: 1048-1050.

[44] BABIARZ J, KWOK-HO C, FRED B. Configuration guidelines for diffserv service classes[J]. Journal, 2006 (4594): 1-57.

[45] KORKMAZ T, KRUNZ M. Multi-constrained optimal path selection[C]// IEEE INFOCOM Proceedings. Anchorage: IEEE Computer Society, IEEE Communications Society, IEEE Service Center, 2001: 834-843.

[46] XUE G, ZHANG W, TANG J, et al. Polynomial time approximation algorithms for multi-constrained QoS routing[J]. IEEE/ACM Transactions on Networking, 2008, 16(3): 656-669.

[47] YUAN X, LIU X. Heuristic algorithms for multi-constrained quality of service routing[C]// IEEE INFOCOM Proceedings. Anchorage: IEEE Computer Society, IEEE Communications Society, IEEE Service Center, 2001: 844-853.

[48] KUIPERS F, VAN MIEGHEM P, KORKMAZ T, et al. An overview of constraint-based path selection algorithms for QoS routing[J]. IEEE Communications Magazine, 2002, 40(12): 50-55.

[49] LOMBARDO A, SCHEMBRA G. Performance evaluation of an adaptive-rate MPEG encoder matching intserv traffic constraints[J]. IEEE/ACM Transactions on Networking (TON), 2003, 11(1): 47-65.

[50] TAMAS-SELICEAN D, POP P. Optimization of the thernet networks to support best-effort traffic[C]// IEEE Emerging Technology and Factory Automation (ETFA). Barcelona: IEEE, 2014: 1-4.

[51] ZHAO J, YAO Q, REN D, et al. A multi-domain control scheme for diffserv QoS and energy saving consideration in software-defined flexible optical networks[J]. Optics Communications, 2015, 341: 178-187.

[52] RAJAGOPALAN B, SAADICK H. A Framework for QoS-based routing in the Internet[J]. Internet Requests for Comments. RFC, 1998, 2386: 1-37 .

[53] BRAR G S, RANI S, CHOPRA V, et al. Energy efficient direction-based PDORP routing protocol for WSN[J]. IEEE Access, 2016, 4: 3182-3194.

[54] DELIMITROU C, KOZYRAKIS C. Quasar: Resource-efficient and QoS-aware cluster management[J]. ACM SIGPLAN

Notices, 2014, 49(4): 127-144.

[55]　CHEN S, NAHRSTEDT K. On finding multi-constrained paths[C]// IEEE International Conference on Communications. Florence: IEEE, 1998: 874-879.

[56]　SKUTELLA M. An introduction to network flows over time[M]. Berlin: Springer, Heidelberg, 2009.

[57]　FORD JR L R, FULKERSON D R. Flows in networks[M]. Princeton: Princeton University Press, 2015.

# 第 3 章　面向工业互联网基础架构的关键时延特征分析

互联网作为工业互联网的基础架构，其数据传输性能的优劣直接影响工业互联网的效能。然而，由于互联网结构与性能的复杂性，单一链路探测或单一数据源分析已无法对互联网相关特征进行解释[1-2]。运用统计学，从宏观拓扑结构上分析互联网时延特征的复杂性成为解决问题的关键[3-4]。本章利用权威互联网探测机构提供的互联网探测数据分析互联网的通信行为。首先阐述数据来源并给出必要的定义或引用；然后，从宏观角度分析互联网现阶段端到端时延和通信直径的统计特征，并引出互联网关键几跳链路时延的讨论；在此基础上，提出互联网瓶颈时延现象，并利用统计学知识分析瓶颈时延与网络端到端时延的关系；之后，提出"IP 联合映射"分析架构，并对互联网瓶颈时延特征进行分析。

## 3.1　数据来源与定义

### 3.1.1　基于 CAIDA 主动探测项目的网络时延数据

在众多 IPv4 级互联网探测项目中，CAIDA 探测项目以其探测平台先进、数据广博、分析工具全面而闻名于世。CAIDA 隶属于加州大学圣地亚哥分校超级计算中心，是一个对互联网网络结构及数据（IPv4/IPv6）进行研究的国际合作机构。该机构从 1998 年成立至今，开展的项目包括 Archipelago（Ark）[5]、Macroscopic Topology Measurements[6]、CAIDA's Cybersecurity Project[7]、Network Telescope[8]等。其中，Ark 项目是 CAIDA 项目组主要维护和升级的核心项目。该项目自 2007 年取代 CAIDA 原有的 Skitter 项目，以全天候不间断、分布式的方式探测网络 IPv4/IPv6 IP 地址。该项目共有 211 个探测节点（包含 98 个 IPv6 级网络探测节点）分布于全世界各高校、科研结构和军事机构[9]。CAIDA 在中国设立的探测节点如表 3.1 所示。Ark 项目在兼容原有 Skitter 项目中所有探测技术的前提下，使用 Scamper 技术[10]，探测节点以 traceroute 主动探测方式，向随机抽选的目的 IPv4（/24）地址发送 ICMP（Internet control message protocol，控制报文协议）探测数据分组。

表 3.1　CAIDA 在中国设立的探测节点

| 探测节点 | 地点 | 成立时间 | 依托单位 |
| --- | --- | --- | --- |
| she-cn | 中国沈阳 | 2008 年 | 东北大学 |
| hkg-cn | 中国香港 | 2010 年 | Tinet |
| hkg2-cn | 中国香港 | 2015 年 | 香港理工大学 |
| hkg3-cn | 中国香港 | 2015 年 | 香港宽频网络 |

| 探测节点 | 地点 | 成立时间 | 依托单位 |
|---|---|---|---|
| pek-cn | 中国北京 | 2011 年 | 中国互联网信息中心 |
| szx-cn | 中国深圳 | 2017 年 | 中国电信 |

### 3.1.2　网络探测特征值提取及定义

在 Ark 项目中，各监测节点采用 Scamper 技术以类似 traceroute 的方式对目的 IP 地址进行主动探测。各局域网、城域网、广域网结构的复杂性，以及设备的差异性（中转路由器个体间存在差异）[11-12]，导致各探测节点在探测目的 IP 地址的过程中产生了大量无效样本。此外，在对原始数据进行处理的过程中发现，探测节点在对目的节点进行探测过程中存在许多目的地址不可达现象。通过统计目的节点不可达的 ICMP 报文的结果来看，其产生原因主要有：由于 DNS 设置错误导致的网络不可达；由于主机不存在或不在网络导致的主机不可达；由于 ICMP 报文设置差异性导致的协议不可达或端口不可达；由于 IP 安全设置或防火墙设置导致的 ICMP 报文超时等。

根据 Scamper 技术，若探测源未收到中转路由器响应，仍可通过增加 TTL 值继续向前探测直到到达目的端，而此时所对应的路径是不完整的。由于所采用的样本量庞大，因此忽略探测中存在目的地址不可达的路径，只分析路由完整的样本数据，并将其命名为有效路径。

**定义 3.1**　有效路径　探测源 $s$ 向目的端 $t$ 发送探测 IP 数据包。数据包经过中转路由器 $r_1, r_2, \cdots, r_n$ 直到目的端 $t$。对于一个探测路径 detect$(s, t)$=<$s, r_1, r_2, \cdots, r_n, t$>，如果 detect$(s, t)$上每一个中转路由器都对探测数据包进行回复，那么 detect$(s, t)$为 $s$ 到 $t$ 的有效路径。

因此，为了获取准确的网络路径，继而获取网络拓扑和网络时延，选取了 CAIDA Ark 项目下 4 个分别位于不同大洲的探测节点，数据选取时间为 2009 年 6 月到 2013 年 6 月，每个月选取一个探测周期（3～4 个工作日）的探测结果，提取有效路径后的统计结果如表 3.2 所示。由表 3.2 可知，提取的有效路径样本数有 900 万之多。有效路径样本数量可以用来分析互联网的网络时延特征。

表 3.2　探测节点基本信息及数据采集信息

| 探测节点 | 地点 | 2009 年 | 2010 年 | 2011 年 | 2012 年 | 2013 年 |
|---|---|---|---|---|---|---|
| bjc-us | 美国布鲁姆菲尔德 | 21 万 | 46 万 | 51 万 | 53 万 | 37 万 |
| her-gr | 希腊美国纽约学院（雅典） | 18 万 | 49 万 | 61 万 | 68 万 | 41 万 |
| scl-cl | 智利圣地亚哥 | 31 万 | 43 万 | 56 万 | 67 万 | 35 万 |
| she-cn | 中国沈阳 | 21 万 | 55 万 | 63 万 | 68 万 | 23 万 |

此外，为了对网络结构与时延特征进行量化分析并通过挖掘其统计特征发现影响网络时延的关键因素，根据各特征量的实际物理意义，给出如下定义：

**定义 3.2**　通信路径　指在探测有效路径 detect$(s,t)$的过程中，经过的中转路由器的数量。

**定义 3.3**　链路时延　设探测数据包经过有效路径 detect$(s,t)$的各中转路由器的往返时间为 RTT$(r_1)$, RTT$(r_2)$, $\cdots$, RTT$(r_n)$，令 $d(r_i, r_{i+1})$ =0.5 (RTT$(r_{i+1})$ − RTT$(r_i)$)，则 $d(r_1, r_{i+1})$

代表有效路径 detect($s$, $t$) 上中转路由器 $r_i$ 和 $r_{i+1}$ 之间的链路时延。然而，在实际测量的过程中，由于各中转路由器之间存在差异，不同时刻各中转路由器负载各不相同或各中转路由器 CPU 处理能力不同，很可能在对 detect($s$, $t$) 上相对距离较近的中转路由器（如 $r_i$ 离 $s$ 比 $r_{i+1}$ 更近）探测时往返时延大于距离较远处的中转路由器的往返时延（如 RTT($r_i$) > RTT($r_{i+1}$)）。那么，与其对应的链路时延（如 $d(r_i,r_{i+1})$）会是负值。针对以上问题，提出一种路径修正算法，具体操作如算法 3.1 所示。

---

输入：RTT($r_{i-1}$), RTT($r_i$), RTT($r_{i+1}$)

输出：修正过的 RTT($r_{i-1}$), RTT($r_i$), RTT($r_{i+1}$)

1 **if** $0 < $ RTT($r_i$) − RTT($r_{i+1}$) $< 1$ **then**

2     生成随机变量 $0 < \varepsilon < 1$，且其概率密度服从区间[0,1]上的均匀分布；

    **while** $\varepsilon > $ RTT($r_{i+1}$) **do**

3         重新执行算法第二行；

4     **end**

5     RTT($r_i$) = RTT($r_{i+1}$) − $\varepsilon$；

6 **end**

7 **else**

8     RR($r_i$) = $\dfrac{\text{RTT}(r_{i-1}) + \text{RTT}(r_{i+1})}{2}$；

9 **end**

算法 3.1 路径修正算法

---

**定义 3.4** 网络时延 在探测有效时间内，网络时延 $D(s, t)$ 为 IP 探测数据包从探测源 $s$ 出发到目的端 $t$ 响应的时间，即探测有效路径各链路时延之和，即 $D(s,t) = \sum d(r_i, r_{i+1})$。

**定义 3.5** 瓶颈时延 指在互联网中，对于可探测的有效路径 detect($s$, $t$)，其各段链路时延分别为 $d(r_1,r_2), d(r_2,r_3),\cdots,d(r_{n-1},r_n)$，若存在一条链路的时延 $d(r_x,r_y)$ 满足式（3.1），那么 $d(r_x,r_y)$ 为 detect($s$, $t$) 的瓶颈时延，链路($x$, $y$)为 detect($s$, $t$) 上的瓶颈链路。

$$d(r_x,r_y) = \max\{d(r_1,r_2), d(r_2,r_3),\cdots,d(r_{n-1},r_n)\} \&\& d(r_x,r_y) \geqslant D(s,t)\times 30\% \quad (3.1)$$

## 3.2 宏观拓扑架构下网络时延特征分析

为了详细了解互联网现阶段性能状态与演变，在提取分析链路时延之前，采用统计学方法以互联网宏观拓扑结构为依托，研究互联网网络时延与通信直径的统计特征。

### 3.2.1 网络时延和通信直径的统计特征

首先提取 4 个探测节点：bjc-us、her-gr、scl-cl、she-cn，5 年内（2009 年 6 月～2013 年 6 月）每月同周期有效路径样本，提取其中的网络时延信息，并分别作概率分布统计，结果如图 3.1 所示。由图 3.1 可知，对于同一探测节点的探测数据，其 5 年探测有效路径中的网络时延分布曲线具有一定的自相似性，都呈现一定的双峰垂尾分布特性[13]。其中以位于北美的 bjc-us 和位于欧洲的 her-gr 探测节点的探测结果最为明显。此外，网络时延超过 300ms 的有效路径非常少，说明随着互联网的飞速发展，跨大区域的网络传输已经不再是问题，互联网的性能有了本质的提升。由于网络时延超过 300ms 的有效路径很少，运用统计学无法对该区间样本进行分析，因此不做研究。此外，为了对网络时延的特性进行详细分析，选取最具代表性的有效路径样本，即选取网络时延分布较为密集的有效路径样本。根据图 3.1 的统计结果，分别选取表 3.3 所示的网络时延区间的有效路径样本进行研究。

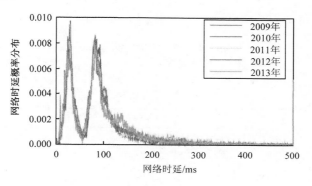

彩图 3.1

（a）bjc-us 网络时延分布

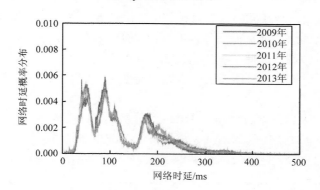

（b）her-gr 网络时延分布

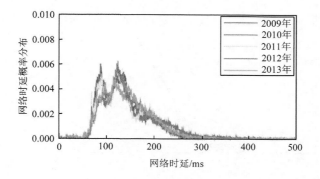

（c）scl-cl 网络时延分布

图 3.1　网络时延概率分布

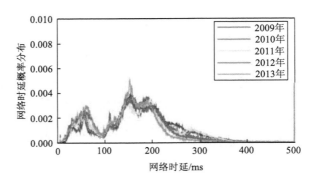

（d）she-cn 网络时延分布

图 3.1（续）

**表 3.3　截取的样本**

| 探测节点 | 区间 1/ms | 区间 2/ms |
|---|---|---|
| bjc-us | [12,55] | [55,165] |
| her-gr | [10,55] | [55,165] |
| scl-cl | [55,110] | [110,215] |
| she-cn | [10,110] | [110,235] |

　　文献[14]研究认为互联网的往返时延即 RTT 随着互联网上数据包从源端到目的端经过的中转路由器的个数增加而增加，即 RTT 与所定义的通信直径成正比，而 RTT 正是网络时延的组成关键。因此，提出假设 3.1。

　　**假设 3.1**　网络时延与通信直径成正比，即使考虑定义 3.3 中处理链路时延中的异常情况。

　　从探测获取的上百万条有效路径中，统计分析网络时延与通信直径的关系。首先对 4 个探测节点探测有效路径的通信直径进行统计，结果如图 3.2 所示。可以看出，提取的有效路径，通信直径范围为 4～34 跳，并且在 4 个探测节点探测的有效路径中，

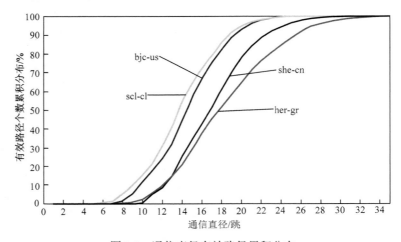

图 3.2　通信直径有效路径累积分布

通信直径为 4～6 跳的有效路径个数均小于有效样本的 0.1%，无法对这一区间的有效路径进行有效分析，故不在讨论范围内。因此，在按照表 3.3 截取样本之后，按照图 3.2 的统计结果，分别选取如下通信直径区间内的有效路径样本进行分析：bjc-us，7～34 跳；her-gr，8～34 跳；scl-cl，7～34 跳；she-cn，8～34 跳。

### 3.2.2　网络时延与通信直径的相关性分析

由图 3.2 可知，在选取 scl-cl 探测节点和 bjc-us 探测节点的探测样本中，超过 90% 的有效路径通信直径在 10 跳以上，而在 her-gr 和 she-cn 的探测结果中，有 90% 的有效路径通信直径超过 12 跳。对 4 个探测节点探测有效路径的通信直径求平均数，分别为：bjc-us，15 跳；her-gr，18 跳；scl-cl，14 跳；she-cn，17 跳。图 3.3（通信直径对网络时延的影响）的结果表明：从整体上看，尤其是在 20 跳以前，网络时延随着通信直径的增加而增大；网络时延的大小与通信直径的增长几乎成正比，然而 20 跳以后却出现平缓且还有略微减小的现象，其中 bjc-us 与 scl-cl 的探测结果最为明显。为了对网络时延和通信直径的关系进行深入分析，分别对 4 个探测节点探测结果划分的网络时延区间的有效路径进行量化统计分析。由表 3.4 可以看出，从按网络时延划分的有效路径区间中提取出的网络时延与通信直径都为有效样本（网络时延和通信直径标准差较小）。对通信直径与网络时延做线性拟合分析。从整体上看，通信直径与网络时延的 Pearson 相关系数最大为 0.327，最小为 0.054，即网络时延与通信直径之间呈极弱相关性。此外，从时间跨度上分析网络时延与通信直径之间的关系变化趋势，分别统计 2009～2013 年网络时延与通信直径之间的 Pearson 系数，统计结果如表 3.5 所示。由表 3.5 可以看出，4 个探测节点探测有效路径的网络时延和通信直径的 Pearson 系数均小于 0.3，呈弱关联性并且 Pearson 系数没有随着 5 年时间的推移增长或减小。然而，对于同一探测节点的不同时延区间内的有效样本，在通信直径相差不大的情况下，网络时延平均值却相差很大。以位于亚洲的 she-cn 探测节点为例，如表 3.4 所示，在 10～110ms 和 110～235ms 的时延区间内，两者的平均通信直径相差不到 3 跳，但网络时延却相差了 112ms。

彩图 3.3

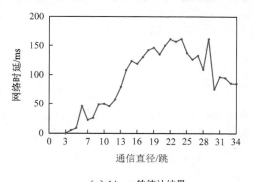

（a）bjc-us 的统计结果

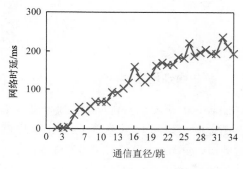

（b）her-gr 的统计结果

图 3.3　通信直径对网络时延的影响

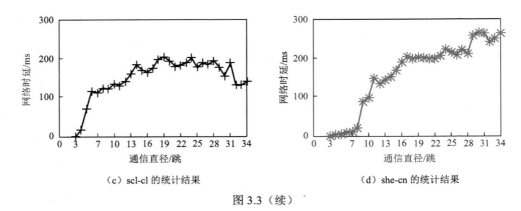

（c）scl-cl 的统计结果　　　　　　　　（d）she-cn 的统计结果

图 3.3（续）

表 3.4　不同网络时延区间中的有效路径的网络时延和通信直径特征量化分析

| 时延区间/ms | 网络时延均值/ms | 网络时延标准差/ms | 通信直径均值/跳 | 通信直径标准差/跳 | Pearson |
|---|---|---|---|---|---|
| bjc-us[12,55] | 28.406 | 9.7646 | 13.512 | 2.743 | 0.327 |
| bjc-us[55,165] | 98.981 | 23.358 | 16.049 | 3.180 | 0.076 |
| her-gr[10,55] | 43.024 | 8.1647 | 15.259 | 3.310 | 0.274 |
| her-gr[55,165] | 97.016 | 25.875 | 17.797 | 4.310 | 0.232 |
| scl-cl[50,110] | 89.876 | 11.650 | 13.407 | 3.215 | 0.054 |
| scl-cl[110,215] | 151.43 | 27.898 | 14.819 | 3.913 | 0.210 |
| she-cn[10,110] | 59.241 | 23.941 | 15.507 | 3.521 | 0.236 |
| she-cn[110,235] | 172.437 | 31.576 | 18.215 | 3.883 | 0.116 |

表 3.5　网络时延和通信直径 Pearson 系数

| 探测节点 | 2009 年 | 2010 年 | 2011 年 | 2012 年 | 2013 年 |
|---|---|---|---|---|---|
| bjc-us | 0.1641 | 0.2106 | 0.1949 | 0.1378 | 0.1506 |
| her-gr | 0.1774 | 0.2273 | 0.1885 | 0.2402 | 0.2217 |
| scl-cl | 0.0610 | 0.0718 | 0.1160 | 0.0946 | 0.0752 |
| she-cn | 0.1774 | 0.1197 | 0.0875 | 0.0845 | 0.0865 |

# 3.3　网络瓶颈时延现象与特征

## 3.3.1　瓶颈时延现象

由表 3.4 和表 3.5 的统计结果可知，有效路径网络时延的大小并没有随着通信直径大小的递增（递减）而递增（递减）。也就是说，通信直径大小并不是影响网络时延大小的关键。那么，可以猜测影响网络时延的主要因素可能就是网络时延本身，即组成网络时延的链路时延。根据以上分析，提出假设 3.2。

**假设 3.2**　在从位于 4 个不同位置探测节点提取的有效路径中，存在 1 条或几条拥塞链路，且这些拥塞链路的链路时延非常大，对有效路径的网络时延起着支配作用。

为了分析有效路径中链路时延的性质，提取 4 个探测节点探测到的有效路径，截取其中每一段链路的链路时延，分别统计 4 个探测节点探测的有效路径 MAX1、MAX2、MAX3 的分布，结果如图 3.4 所示（MAX1、MAX2、MAX3 代表其中最大前 1、2 或 3 条链路时延的总和占该条有效路径网络时延的比例）。此外，为了量化分析关键几条链路的链路时延对网络时延的影响，分别求出 MAX1、MAX2、MAX3 的平均值，统计结果如表 3.6 所示。

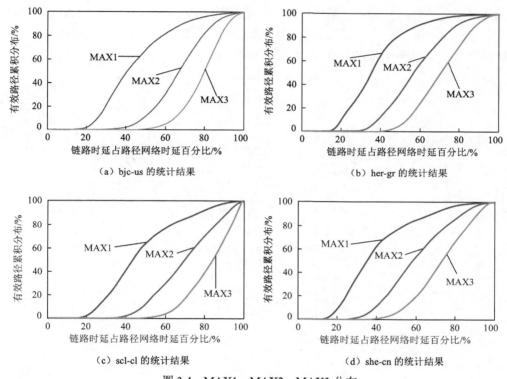

（a）bjc-us 的统计结果　　　　　　　　　（b）her-gr 的统计结果

（c）scl-cl 的统计结果　　　　　　　　　（d）she-cn 的统计结果

图 3.4　MAX1、MAX2、MAX3 分布

表 3.6　MAX1、 MAX2、MAX3 平均值

| 探测节点 | MAX1 | MAX2 | MAX3 |
| --- | --- | --- | --- |
| bjc-us | 0.453 | 0.516 | 0.613 |
| her-gr | 0.386 | 0.471 | 0.557 |
| scl-cl | 0.481 | 0.614 | 0.685 |
| she-cn | 0.481 | 0.614 | 0.685 |

　　图 3.4 和表 3.6 的统计结果表明，在平均通信直径 14～18 跳的有效路径中，平均最大前 1 条链路时延占有效路径网络时延的平均比例为 0.386～0.481；平均最大前 2 条链路时延之和占有效路径网络时延的平均比例为 0.471～0.614；而平均最大前 3 条链路时延之和占有效路径网络时延的平均比例为 0.557～0.685。可见，在所提取的有效路径中，存在 1 条或几条链路的链路时延对该条有效路径的网络时延起到绝对支配作用，且最大前 1 条链路时延对整个网络时延的平均影响程度最大。为了验证本猜想，对出现瓶颈时

延的有效路径特性，即有效路径的长短（通信直径）和有效路径的平均链路时延做详细
分析。如图 3.5 所示，瓶颈时延在不同通信直径下的有效路径都有可能产生，并且也没
有随着通信直径的递增（递减）而递增（递减）。说明瓶颈时延在探测的有效路径中非
常普遍与常见，与有效路径的长短（通信直径大小）没有关系。此外，图 3.6 的统计结
果表明，出现瓶颈时延的有效路径中，平均每段链路的链路时延也并没有随着通信直径
的递增（递减）而递增（递减）。说明在出现瓶颈时延的有效路径中，瓶颈时延对不同
通信直径的有效路径影响程度是一致的，且 Ark 项目下获取的有效路径皆为现实互联网
真实通信情况的客观记录。那么，在不同网络负载下（各段链路时延同增或同减），各
段链路时延对网络时延的相对影响才可以真实表现某一时间段内，影响该条有效路径

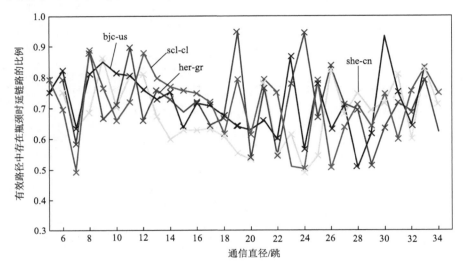

彩图 3.5

图 3.5　不同通信直径的有效路径瓶颈时延产生比例

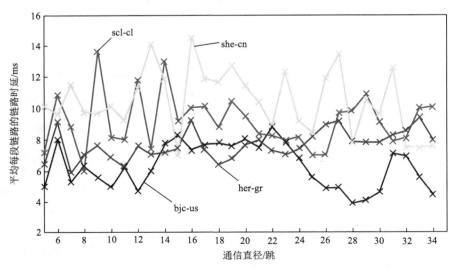

彩图 3.6

图 3.6　出现瓶颈时延的有效路径中，不同通信直径下的平均链路时延

实际通信情况的真正链路。综上，假设 3.2 成立，只对 MAX1 进行研究，即在 4 个探测节点探测的有效路径中，只对某一条链路时延最大的链路进行研究，并且当其对整条有效路径的网络时延影响达到一定程度时，将这条链路的链路时延定义为瓶颈时延，如定义 3.5。根据图 3.4，分别统计 4 个子图中的 MAX1 曲线。在 4 个探测节点可探测到的所有有效路径中，存在瓶颈时延的有效路径比例分别为：bjc-us，79%；her-gr，71%；scl-cl，75%；she-cn，74%。

### 3.3.2　瓶颈时延对网络时延的影响

下面探究按网络时延划分的有效路径各区间中（表 3.4），瓶颈时延的分布特征。图 3.7 的统计结果表明，在网络时延较大的有效路径上，其平均瓶颈时延也较大。对图 3.7 进行详细的量化分析，结果如表 3.7 所示。表 3.7 结合图 3.7 的统计结果说明：首先，按网络时延概率密度分布拆分统计研究的各时延区间，有足够多的有效路径支持该研究。其次，瓶颈时延对有效路径的网络时延影响程度明显。各时延区间存在瓶颈时延的有效路径，平均瓶颈时延占平均网络时延的比例都超过了 35%。最后，表 3.7 的统计结果也表明：虽然在平均网络时延略大的有效路径中，其平均通信直径也略大，但差距很小，不足以影响网络时延。然而，在区分研究的各网络时延区间内的有效路径中，平均瓶颈时延相差较大，其对有效路径网络时延的影响是不可忽视的。所以，正是有效路径中瓶颈时延的普遍存在，使通信直径相差不大的有效路径的网络时延相差很大。

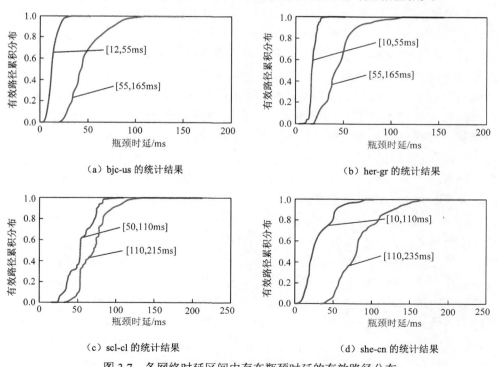

（a）bjc-us 的统计结果　　　　　　　　　（b）her-gr 的统计结果

（c）scl-cl 的统计结果　　　　　　　　　（d）she-cn 的统计结果

图 3.7　各网络时延区间中存在瓶颈时延的有效路径分布

表 3.7　不同网络时延区间的瓶颈时延特征

| 时延区间 | 瓶颈时延平均值/ms | 网络时延平均值/ms | 通信直径平均值/跳 | 瓶颈时延/网络时延/% |
|---|---|---|---|---|
| bjc-us[12,55] | 11.6339 | 29.2405 | 14.6372 | 39.7869 |
| bjc-us[55,165] | 44.3176 | 95.9815 | 16.0493 | 46.1731 |
| her-gr[10,55] | 15.6051 | 43.1635 | 15.2757 | 36.1535 |
| her-gr[55,165] | 38.5303 | 97.0168 | 17.7971 | 39.7151 |
| scl-cl[50,110] | 32.3756 | 77.8768 | 13.4073 | 41.5728 |
| scl-cl[110,215] | 75.1382 | 151.435 | 14.8194 | 49.6175 |
| she-cn[10,110] | 23.7140 | 59.2412 | 15.5070 | 40.0296 |
| she-cn[110,235] | 70.5117 | 172.437 | 17.2105 | 40.8913 |

## 3.4　基于 IP 联合映射的瓶颈时延特性分析

网络结构决定网络性质，而网络时延是网络性质在时间维度上的表征[15]。为了深入研究瓶颈时延的特征，提出一种 IP 联合映射分析架构，包含 IP 地理映射和 IP 中心化映射。

### 3.4.1　IP 地理映射

在定位瓶颈时延链路 IP 地址地理位置时，采用 MaxMind 公司的 GeoLiteCity[16]开源数据库。首先，对 4 个探测节点探测出现瓶颈时延链路的有效路径两端 IP 地址进行地理映射。由图 3.8 可知，出现瓶颈时延链路的有效路径两端大都分布在不同大洲，不同国家（尤其在 scl-cl 的探测结果中表现尤为明显）。图 3.8 的统计结果说明 CAIDA Ark Scamper 探测技术选取目的 IP 地址具有明显的跨地域性，同时也说明选取的 4 个探测节点探测有效路径的有效性，避免了因探测路径局限而无法分析瓶颈时延的链路特性。接着，对有效路径上出现瓶颈时延链路两端的 IP 地址进行地理映射，统计结果如图 3.9 所示。该结果与出现瓶颈时延的有效路径两端 IP 地址地理映射统计结果相差很大。虽然统计 scl-cl 探测节点的探测结果与统计其他 3 个探测节点的探测结果略有不同，但是不会对总体结果造成影响。根据统计，瓶颈时延以较高频率（超过 80%）出现在同一国家的某一段链路上，即以较高概率出现在同一国家的同一城市或不同城市某一中转链路上。接着对出现在同一国家的瓶颈时延链路两端 IP 地址进行分析，对其链路两端 IP 地址进行城市映射，统计结果如图 3.10 所示。在用 GeoLiteCity 对 IP 地址所在城市进行映射时，由于其数据库的局限性，有一部分 IP 地址无法进行相应的城市映射，而这部分数据最多只有 25%（scl-cl 探测节点的统计结果），不会影响整体数据的有效性。由图 3.10 可知，在同一国家出现瓶颈时延的链路两端，大都出现在同一城市（超过 70%）。为了深入分析图 3.10 中，出现在同一城市的瓶颈时延链路，接着统计这些链路的前一跳或后一跳链路（仍映射在同一国家）的地理分布特性，统计结果如图 3.11 所示。由图 3.11 可知，当瓶颈时延链路两端映射在同一城市时，其前一跳或后一跳链路也以一定概率映射在同一城市当中。虽然概率较低（平均32%），但也反映出瓶颈时延链路的特殊性，即研究的瓶颈时延以较高概率出现在同一国家同一城市传输之间。也就是说，当数据在同城某几跳链路传输过程中，某一条特殊链路易产生所研究的瓶颈时延。

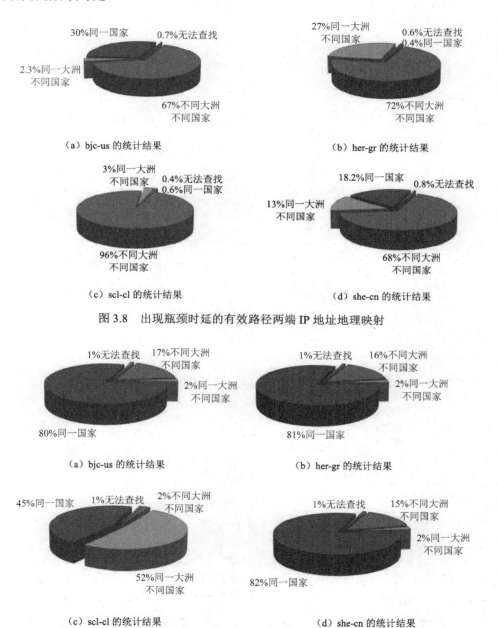

图 3.8　出现瓶颈时延的有效路径两端 IP 地址地理映射

图 3.9　瓶颈时延链路两端 IP 地址地理映射

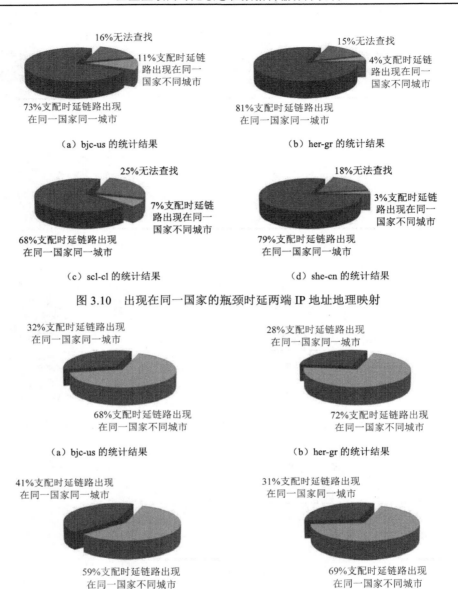

（a）bjc-us 的统计结果　　　　　　（b）her-gr 的统计结果

（c）scl-cl 的统计结果　　　　　　（d）she-cn 的统计结果

图 3.10　出现在同一国家的瓶颈时延两端 IP 地址地理映射

（a）bjc-us 的统计结果　　　　　　（b）her-gr 的统计结果

（c）scl-cl 的统计结果　　　　　　（d）she-cn 的统计结果

图 3.11　出现在同一城市的瓶颈时延其前一跳或后一跳链路两端 IP 地址地理映射

接着对出现在同一国家的瓶颈时延链路两端可以进行城市映射的 IP 地址进行地理映射，并利用百度地图将映射结果绘制在虚拟的世界地图上，如图 3.12 所示。图 3.12 分别对 4 个探测节点探测的有效路径出现在同一国家的瓶颈时延链路两端的 IP 地址进行地理位置映射（依次为 bjc-us、her-gr、scl-cl、she-cn 探测有效路径出现瓶颈时延的映射结果），图中红色圆点代表 IP 地址所映射的城市，若瓶颈时延链路两端都在同一城市，那么红色圆点将无限重合。由图 3.12 可知，出现在同一国家的瓶颈时延链路两端大都分布在图中黑色圆圈内，即北美洲的美国、亚洲中国整个东部，以及欧洲的部分国家（不包括俄罗斯全境）。由此可以判断，上述地区不仅是覆盖全球的互联网交互数据的枢纽中心，更是提高互联网数据传输效率的待解决地区。

彩图 3.12

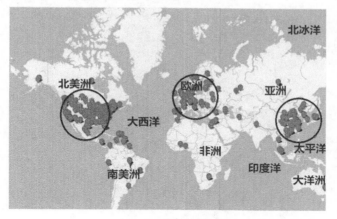

（a）bjc-us 的统计结果

（b）her-gr 的统计结果

（c）scl-cl 的统计结果

图 3.12　出现在同一国家的瓶颈时延分布

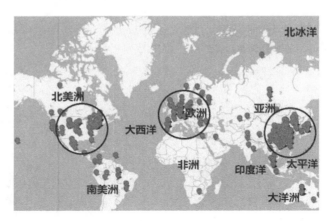

（d）she-cn 的统计结果

图 3.12（续）

### 3.4.2 基于复杂网络理论的 IP 中心化映射

互联网作为大型复杂网络，其宏观拓扑结构表现出极大的复杂性，而其结构复杂性势必影响到其网络性能。利用 CAIDA 海量样本空间，分别从 bjc-us、amw-us、cbg-uk 和 her-gr 探测节点提取 2015 年 5 月 20～25 日同周期数据，获取有效路径达 123668 条。利用截取的有效路径，构造互联网 IPv4 级网络拓扑（节点为探测有效路径过程中的路由器 IP 地址，有效路径中两个相邻的 IP 地址构成了网络中的边）。去除重复节点和重复边，网络拓扑包含 213411 个节点和 327245 条边。采用 3 种复杂网络中心化指标量化分析网络中的各节点，继而为各链路（边）赋边权，拟合分析各段链路边权与链路时延之间的关系以探寻互联网中影响瓶颈时延的潜在动力学因素。

1. 基于度、介数、紧密度的互联网节点量化

本书采用 3 种中心化指标，即度值中心化（dc）、介数中心化（bc）、紧密度中心化（cc）量化分析网络中的各节点；采用上述 3 种量化指标，即 measure$(x)$={dc$(x)$,bc$(x)$,cc$(x)$} 分别对网络拓扑中组成各有向边$(u, v)$的节点 $u$、$v$ 进行中心化量化。文献[17]和[18]分别利用介数和度值中心化指标为 BA 模型网络链路赋边权，分析影响 BA 网络流量传播的关键链路，而 BA 模型的无标度特性是互联网宏观拓扑结构的最基本特征，常被用来描述、分析互联网的结构特征[19-21]。本书采用互联网真实 IPv4 级网络拓扑，针对同一种中心化量化方法，根据单向链路的实际物理意义，采用 6 种计算方法（forward$(u, v)$，back$(u, v)$，max$(u, v)$，min$(u, v)$，average$(u, v)$，minus$(u, v)$）为所对应的边$(u, v)$赋权值，即共采用 18 种拟合方法，如表 3.8 所示。6 种计算方法如式（3.2）～式（3.7）所示。

$$\text{forward}(u, v) = \text{measure}(u) \tag{3.2}$$

$$\text{back}(u, v) = \text{measure}(v) \tag{3.3}$$

$$\max(u, v) = \text{maximize}(\text{measure}(u), \text{measure}(v)) \tag{3.4}$$

$$\min(u, v) = \text{mi nimize}(\text{measure}(u), \text{measure}(v)) \tag{3.5}$$

$$average(u, v) = 0.5 \times (measure(u) + measure(v)) \tag{3.6}$$

$$minus(u, v) = measure(u) - measure(v) \tag{3.7}$$

表 3.8　拟合方法

| 计算方法 | dc(x) | bc(x) | cc(x) |
|---|---|---|---|
| forward(u, v) | forward_d | forward_b | forward_c |
| back(u, v) | back_d | back_b | back_c |
| max(u, v) | max_d | max_b | max_c |
| min(u, v) | min_d | min_b | min_c |
| average(u, v) | average_d | average_b | avergae_c |
| minus(u, v) | minus_d | minus_b | minus_c |

2. 拟合与相关性分析

分别选取 18 种赋边权的方法为全网链路赋边权。由于互联网时延表现出极强的波动、无序特性，采用最小二乘法对全网链路与链路时延进行一元线性拟合分析，旨在发现互联网链路时延与互联网结构性质的近似线性关系，以挖掘影响互联网链路时延的最关键动力学因素。为了比较同一量化节点方式下，不同计算方法赋边权与链路时延的拟合结果，依次选取表 3.8 中第 2 列、第 3 列、第 4 列的赋边权方法，即依此选取度值赋边权、介数赋边权、紧密度赋边权的方法。然而，在实际拟合计算过程中，由于不同中心化指标量化下的链路边权数量级不同，针对同一种赋边权方法下的互联网样本，计算各段边权内样本的链路时延平均值，将样本按边权从小到大划分为 40 段，即 $(x_1, y_1)$，$(x_2, y_2), \cdots, (x_{40}, y_{40})$，拟合分析互联网链路边权与链路时延关系（$x_i$ 为链路边权，$y_i$ 为链路时延平均值）。此外，为了比较这些拟合结果的平滑性，提出一种平滑性量化指标，并命名为"阶段斜率累加和（CSOFOD）"。针对一组拟合分析样本中的相邻两点 $(x_i, y_i)$，$(x_{i+1}, y_{i+1})$ 组成的直线，其斜率为

$$st_{i,i+1} = \frac{y_{i+1} - y_i}{x_{i+1} - x_i} \tag{3.8}$$

那么，CSOFOD 可由下式得出：

$$CSOFOD = \left| \sum_{i=1}^{39} st_{i,i+1}^{*} \right| \tag{3.9}$$

其中，$st_{i,i+1}^{*}$ 为

$$st_{i,i+1}^{*} = \begin{cases} 1, & \text{当 } st_{i,i+1} \geqslant 0 \\ -1, & \text{当 } st_{i,i+1} < 0 \end{cases} \tag{3.10}$$

由式（3.9）可知，CSOFOD 值越大，网络的链路时延与链路在一种边权赋值下的拟合效果越好，链路时延与链路在该种边权下所映射的链路物理性质越有关系。拟合效果图和结果汇总表分别如图 3.13 和表 3.9 所示，其中在表 3.9 中，Pearson 是 Pearson's 的相关性系数，$R^2$ 是拟合优度，Slope 是拟合直线斜率。在用度值量化网络节点时（即分别采用表 3.8 中第 2 列的赋边权方法），采用 minus_d 为链路赋边权时，与链路时延的

线性拟合关系最好:Pearson 相关系数为 0.8482,表现出强相关性,拟合优度 $R^2$ 为 0.65537,CSOFOD 为 17,具有较好的拟合优度。当用介数量化网络中的各节点时(即分别采用表 3.8 中第 3 列的赋边权方法),都不能很好地拟合并发现链路与链路时延的线性关系,即链路时延不随着各边权的递增(递减)而递增(递减)。最后,用紧密度量化网络中的各节点时(即分别采用表 3.8 中第 4 列的赋边权方法),从线性拟合效果上看,整体都具有较强的线性相关性。Pearson 相关系数为 0.6219~0.8941,拟合优度为 0.37115~0.79442,CSOFOD 为 1~15。当采用 avergae_c 计算方法为链路赋权值时,效果最好(Pearson 系数为 0.8941,拟合优度为 0.79442,CSOFOD 值为 15),即在大边权链路处产生较大的链路时延。

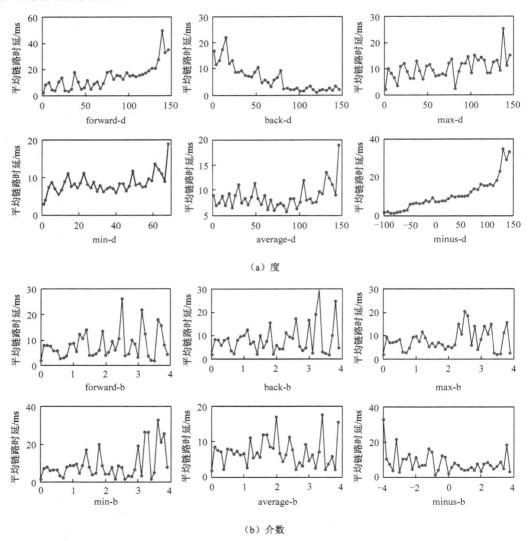

（a）度

（b）介数

图 3.13　拟合效果图

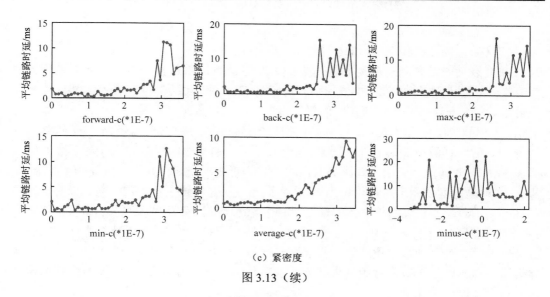

（c）紧密度

图 3.13（续）

表 3.9　结果汇总

| 拟合方法 | Pearson | $R^2$ | Slope | CSOFOD |
|---|---|---|---|---|
| forward_d | 0.772 | 0.58281 | 0.16964 | 8 |
| back_d | −0.665 | 0.69304 | −0.06737 | 3 |
| max_d | 0.53283 | 0.26506 | 0.05715 | 1 |
| min_d | 0.40003 | 0.13792 | 0.04744 | 2 |
| average_d | −0.6244 | 0.03524 | −0.05453 | 3 |
| minus_d | 0.8482 | 0.65537 | 0.1159 | 17 |
| forward_b | 0.2303 | 0.02815 | 1.08731 | 3 |
| back_b | 0.2374 | 0.03157 | 1.26267 | 3 |
| max_b | 0.2374 | 0.03157 | 1.26267 | 3 |
| min_b | 0.4164 | 0.15166 | 2.82287 | 7 |
| average_b | 0.0316 | −0.02529 | 0.10814 | 3 |
| minus_b | −0.3468 | 0.09713 | −0.8912 | 3 |
| forward_c | 0.6273 | 0.37817 | 2.24537 | 7 |
| back_c | 0.6589 | 0.41973 | 2.41463 | 3 |
| max_c | 0.6484 | 0.40557 | 2.35848 | 5 |
| min_c | 0.6219 | 0.37115 | 2.10751 | 1 |
| avergae_c | 0.8941 | 0.79442 | 2.32912 | 15 |
| minus_c | 0.6222 | 0.00489 | 0.62228 | 1 |

## 3.4.3　瓶颈时延原因分析

　　瓶颈时延的研究与分析对于研究分析互联网的性能特征，解决网络中的关键性问题有着重要的指导作用。通常从以下几个部分讨论网络时延：传播时延、发送时延、处理时延和排队时延[22]。

### 1. 传播时延

在互联网中，传播时延用来描述电磁波在通信链路中传播一定距离需要消耗的时间。若以地球可测量周长 40000km 为传播距离，以光缆为通信媒介，那么电磁波信号在光纤中以 2/3 光速环绕地球所需时间仅为 0.2s。由此可见互联网发展至今，长距离远程通信已经不是问题。以 CAIDA 百万条数据为依托，将产生瓶颈时延链路两端的 IP 地址做地理映射，计算端到端 IP 地址的地理位置距离，研究传播时延与瓶颈时延之间的关系。在计算 IP 地址之间的物理距离时，将地球等价为一个表面光滑且球面规则的球体，那么 IP 地址之间的距离可以等价为以 IP 地址地理映射位置夹角为球心角、以等价球体的球心为地球球心、以等价球体的球面半径为地球半径所做的圆弧弧长。首先，将 4 个探测节点探测的有效路径中，存在瓶颈时延的那一段链路两端 IP 地址进行地理映射，并计算其链路两端地理位置距离，假设以光纤为通信媒介，计算对应的数据传播时延。接着按照瓶颈时延链路两端距离大小分别求出各距离区间内的平均瓶颈时延，那么传播时延占瓶颈时延的比例为

$$\text{rate} = \frac{\text{传播时延}}{\text{各距离区间内平均瓶颈时延}} \tag{3.11}$$

随着瓶颈时延链路两端距离增长，rate 与瓶颈时延变化情况如图 3.14 所示。

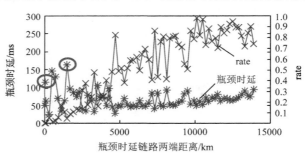

彩图 3.14

（a）bjc-us 的统计结果

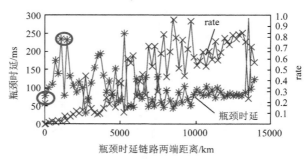

（b）her-gr 的统计结果

图 3.14　瓶颈时延、rate 与瓶颈链路两端距离关系

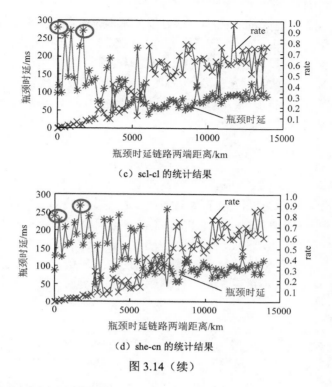

（c）scl-cl 的统计结果

（d）she-cn 的统计结果

图 3.14（续）

由图 3.14 可以得到如下结论：

（1）在 4 个探测节点可探测的有效路径中，瓶颈时延不随瓶颈时延所在链路两端距离的增加而增加。

（2）传播时延在瓶颈时延中的 rate 随距离的增加而整体呈现增长趋势，其中，当瓶颈时延链路两端距离大于 5000km 以后，传播时延在瓶颈时延中占 40%以上，而当两端距离大于 10000km 时，传播时延在瓶颈时延中占 70%以上。因此，对于瓶颈时延链路两端距离较远的链路（大于 5000km），传播时延是影响瓶颈时延的主要因素，在此不再详述。

（3）通过全局统计，在瓶颈时延链路两端距离小于 5000km 的有效路径上，平均瓶颈时延表现异常，也就是在传播时延很小的情况下，瓶颈时延反而异常大，其中，以图 3.14 圆圈所圈的特征点最为显著。本书研究的瓶颈时延以较高概率产生在同一国家的同一城市传输链路之间，即北美洲的美国、亚洲的中国整个东部，以及欧洲的部分国家（不包括俄罗斯全境）。上述地区的地理概况如表 3.10 所示。

表 3.10　中国、美国、欧洲地理概况

| 地区 | 东西距离/km | 南北距离/km | 面积/万 km² |
|---|---|---|---|
| 中国 | 5200 | 5500 | 960 |
| 美国 | 4500 | 3000 | 937 |
| 欧洲 | 5500 | 4800 | 1016 |

　　上述频繁出现瓶颈时延的地区都可以近似抽象为一个以 5000km 为直径的圆二维区域，而本书所研究的瓶颈时延则以较高的频率出现在这一"圆圈"内。从地理位置上看，上述 3 个地区不存在大频率跨海传输现象。从全球来看，当以光纤作为通信媒介时，距离 5000km 的异城传输最多消耗 25ms 传播时延，而大部分的同城瓶颈时延，即同城数据传播中，传播时延的消耗几乎可以忽略不计。因此，可以推断，传播时延并不是产生在同一国家的瓶颈时延的关键因素。

　　2. 发送时延、处理时延

　　接着分析发送时延对瓶颈时延的影响。在 CAIDA Ark 探测项目下，每一个探测数据分组大小为 56Byte。以互联网主干网 100Mb/s 的传输线路为通信媒介，在这样的通信环境下，传输 56Byte 的消耗时间约为 5μs，而随着光纤利用率的提高与普及，这一时间将会更短。因此，在 CAIDA Ark 探测项目下，发送时延也不作为影响瓶颈时延的主要因素进行讨论。随着计算机的发展和大型服务器的普遍应用，分组交互网中处理时延的大小几乎趋于稳定，其大小微乎其微，也不作为研究瓶颈时延成分的主要讨论对象。

　　3. 排队时延

　　在同城传输时，排队时延成为影响瓶颈时延的关键。根据第 3.4.2 节的结论，即在用 minus_d 和 average_c 为全网链路赋边权时，与链路时延具有较好的线性拟合关系，即较大时延发生在较大边权处。根据这一结论，用 minus_d 和 average_c 赋边权方法为全网链路赋边权，对比全网链路边权分布和产生在同一国家内的瓶颈时延链路边权分布，统计结果如图 3.15 所示。由图 3.15 可知，在用 minus_d 和 average_c 赋边权方法时，出现在同一国家内的瓶颈时延链路同比全网链路，其链路边权的概率分布更集中于大边权处，即采用复杂网络中心化拟合计算方法 minus_d 和 average_c 可以发现互联网链路传输中较大的链路时延，而该类链路时延即是本书定义的潜在瓶颈时延。此外，根据图论，一个拥有大 minus_d 权值的链路是一个拥有"大入口、小出口"的链路。换言之，当链路整体负载上升时，在链路的出口更容易产生排队拥塞。如图 3.16（a）所示，每个节点旁的整数为该节点的度值，其中，链路(A,B)的 minus_d 权值为 2（5-3）。假如从 A 点分别流入 5 条 100Mb/s，经过链路(A,B)的流，而在出口 B 点，最多只有 2 个 100Mb/s 的下行链路。因此，在节点 B 会产生排队拥塞。同理，节点的紧密度值越大，节点越处于网络中的核心地位，并且紧密度通常用于定位星形拓扑中的中心节点。如图 3.16（b）所示，链路(A,B)分别连接两个以节点 A 和 B 为中心的星形拓扑，节点旁的浮点数代表该节点的紧密度值。链路(A,B)的 average_c 权值为 $0.063 \times \frac{0.067+0.059}{2}$。众所周知，城域网通常是以星形拓扑表现的，换言之，一个具有高 average_c 权值的链路可能是连接两个城域网［或两个有商业交流的 ISP（Internet service provider，互联网服务提供商）］的链路。当整个网络的负载上升时，该类链路会产生严重拥塞。

彩图 3.15

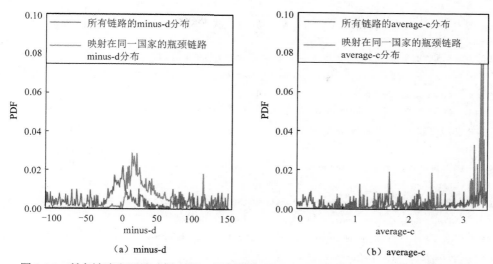

图 3.15　所有链路和两端映射在同一国家的瓶颈链路 minus_d 和 average_c 权值分布比较

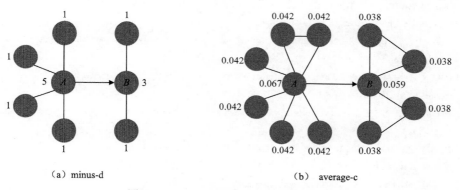

图 3.16　minus_d 和 average_c 链路示例

综上，对于发生在同一国家（同一或不同城市）的瓶颈时延，排队时延是影响瓶颈时延的关键，而在长程远距离链路中（大于 5000km），传播时延成为影响瓶颈时延的关键。

# 本 章 小 结

本章结合权威机构探测的互联网海量数据，介绍互联网现阶段的时延特性，尤其是关键链路时延特性，为以保障基于工业互联网的实时应用（如云计算或时延敏感性传输）为目的的网络调度与优化策略做实践性指导。本章通过分析互联网海量的探测数据，提出互联网的"瓶颈时延"现象。为分析影响瓶颈时延的关键因素，结合复杂网络中心化理论，提出一种"IP 联合映射"分析框架，分别从传播时延、发送时延、处理时延和排队时延分析瓶颈时延的成因。

# 参 考 文 献

[1]  BROIDO A, HYUN Y. Spectroscopy of traceroute delays[M]. Berlin: Springer Berlin Heidelberg, 2005.

[2]  ZHAO H, XU Y, SU W J. Analysis of short-term and long-term forecast of weighted Internet traveling diameter[J]. Journal of Computer Research and Development, 2006, 43(6): 1027-1035.

[3]  张文波，冯永新，腾振宇. 互联网宏观拓扑结构[M]. 北京：国防工业出版社，2012.

[4]  BI J P, WU Q, LI Z C. Measurement and analysis of Internet delay bottlenecks[J]. Chinese Journal of Computers, 2003, 26(4): 406-416.

[5]  CAIDA Ark. http://www.caida.org/projects/ark/.

[6]  CAIDA Macroscopic. http://www.caida.org/projects/macroscopic/.

[7]  CAIDA Cybersecurity. http://www.caida.org/projects/cybersecurity/.

[8]  CAIDA Network Telescope. http://www.caida.org/projects/networktelesco pe/.

[9]  REED M J. Traffic engineering for information-centric networks[C]// IEEE International Conference on Communications (ICC). Ottawa: IEEE, 2012: 2660-2665.

[10]  CAIDA Scamper. http://www.caida.org/tools/measurement/scamper/.

[11]  LUCKIE M, BEVERLY R. The impact of router outages on the as-level Internet[C]// ACM Special Interest Group on Data Communication. United States: ACM, 2017: 488-501.

[12]  GOVINDAN R, REDDY A. An analysis of Internet inter-domain topology and route stability[C]// Proceedings of INFOCOM'97. Kobe: IEEE, 1997: 850-857.

[13]  BRADLEY H, MARINA F, DANIEL J. Distance metrics in the Internet[C]// IEEE International Telecommunications Symposium (ITS). Phoenix-Scottsdale: IEEE, 2002: 3354-3360.

[14]  SU W J, ZHAO H, XU Y. Internet complex network separation degree analysis based on hops[J]. Journal of Communication, 2005, 26(9): 1-8.

[15]  KORONOVSKII A A, KUROVSKAYA M K, MOSKALENKO O I, et al. Self-similarity in explosive synchronization of complex networks[J]. Physical Review E, 2017, 96(6): 062312.

[16]  MaxMind-GeoIP. https://www.maxmind.com/en/home.

[17]  TANG M, ZHOU T. Efficient routing strategies in scale-free networks with limited bandwidth[J]. Physical Review E, 2011, 84(2): 026116.

[18]  ZHANG G Q, WANG D, LI G J. Enhancing the transmission efficiency by edge deletion in scale-free networks[J]. Physical Review E, 2007, 76(1): 017101.

[19]  BARABSSI A L, ALBERT R. Emergence of scaling in random networks[J]. Science, 1999, 286(5439): 509-512.

[20]  YU X P, PEI T. Analysis on degree characteristics of mobile call network[J]. Acta Physica Sinica, 2013, 62(20): 208901.

[21]  GKOROU D, POUWELSE J, EPEMA D. Betweenness centrality approximations for an Internet deployed P2P reputation system[C]// IEEE International Symposium on Parallel and Distributed Processing Workshops and Phd Forum. Busan: IEEE, 2011: 1627-1634.

[22]  VAN DE BOVENKAMP R, KUIPERS F, VAN MIEGHEM P. Domination-time dynamics in susceptible-infected-susceptible virus competition on networks[J]. Physical Review E, 2014, 89(4): 042818.

# 第4章 面向软件定义工业互联网时延敏感性数据传输调度

在工业互联网中,爆发性增长的设备与数据不仅给网络的基础结构带来挑战,越来越多的实时性业务对互联网的性能与流量规划也提出了更高的要求。例如,在工业互联网中,任何一项工业操作对网络的实时性和可靠性都有极高的要求[1-2]。此外,随着网络技术的飞速发展,网络可靠性已经不再是数据传输的瓶颈。UDP 以其简单、传输快的优势,在越来越多的场景下取代了 TCP,且同比 TCP,UDP 具有较好的实时性,适用于对高速传输和实时性有较高要求的通信场景[3]。因此,本章针对工业互联网中产生的时延敏感 UDP 数据流在数据传输专用网中的传输调度问题,基于软件定义网络架构,提出一种数据传输调度引擎 DTE-SDN(data terminal equipment-software defined network,数据终端设备-软件定义网络)。

## 4.1 网络架构

### 4.1.1 软件定义工业局域网模型

DTE-SDN 实际上是一款基于 Open Flow 南向协议的综合应用体系结构。DTE-SDN 对符合 Open Flow 协议的网络具有拓扑感知能力,且针对目标数据传输规划,具有路由计算和动态规划功能。图 4.1 所示为 DTE-SDN 的系统架构图。

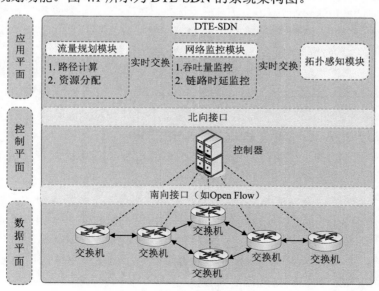

图 4.1　DTE-SDN 的系统架构图

（1）控制平面：现阶段，DTE-SDN 仅局限部署于基于单一控制器管理的网络中，尚不支持分布式控制和部署。因此，在 DTE-SDN 部署的 SDN 中，控制平面仅采用符合 Open Flow 协议的集中式控制器——日本 NTT 公司研发的基于 Open Flow 协议的 Ryu 控制器[4]。

（2）应用平面：指基于 Ryu 控制器提供的链路发现、流表下发等控制接口实现部署的 DTE-SDN 业务（网络监控、流量工程策略等）。DTE-SDN 实际上是一款基于 SDN 应用平面的应用实体，其总体架构包含 3 个主要模块。

① 拓扑感知模块：拓扑感知模块针对 SDN 的数据平面实现网络链路发现、拓扑管理，旨在为网络监控模块提供一幅网络全局视图。此外，DTE-SDN 是面向有向网络部署的，即针对每个网络链路，数据流都是单向的。

② 网络监控模块：网络监控模块用来实时监控网络状态，如拓扑结构，并且针对网络中的有向链路，实时计算每条链路的可用带宽和链路时延。此外，网络监控模块把监控到的网络状态参数传递给流量规划模块，以供计算流量工程策略。

③ 流量规划模块：基于网络监控模块提供的统计信息，根据目标流量的时延敏感性信息，流量规划模块为目标传输流量计算一组端到端路径，为每个可用规划传输的路径分配可用流（带宽），并且根据计算的流量传输规划方案计算相应的数据平面流量配置方案，并发送流量配置命令。此外，为了优化传输规划效率，提升数据传输过程中的时延敏感性，流量规划模块将采用动态调度方式，为剩余未传输到目的端的数据制定新的流量传输规划方案，继而更新数据平面流量配置方案。

### 4.1.2　传输调度流程

图 4.2 所示为 DTE-SDN 工作时序图，阐述了 DTE-SDN 每个模块的工作方式和彼此间如何通过 Open Flow 消息相互协调完成流量传输规划。图中实线代表控制平面和数据平面交换机的交互，虚线为控制平面和 DTE-SDN 的交互，即 DTE-SDN 通过控制器提供的接口实现规划功能。图 4.2 所示的 DTE-SDN 执行步骤可简述如下。

步骤 1～步骤 3：在步骤 1，DTE-SDN 在 SDN 控制器的控制下，拓扑感知模块利用 LLDP_loop 函数以轮询的方式向在数据平面的每一个可用的交换机的每一个端口发送 LLDP_Request 消息；在步骤 2，每一个可以收到 LLDP_Request 消息的交换机端口向网络中发送 LLDP_packet 消息并触发控制器对 LLDP_packet 消息的函数处理，继而通过解析得到交换机之间的连接信息；在步骤 3，将解析到的链路状态信息存储在网络监控模块的 LinkStatus 数据库中。

步骤 4～步骤 7：在步骤 4、步骤 5，随着 LinkStatus 数据库被周期性地更新，利用 Open Flow 消息，DTE-SDN 的网络监控模块请求控制器主动地向在 LinkStatus 数据库中存储的每一个链路发送探测数据包；在步骤 6、步骤 7，LinkStatus 数据库中每一条链路两端的交换机利用 Open Flow 消息回复探测数据包，继而利用算法计算各链路的 QoS 指标（即链路可用带宽和链路时延）并存入 QoSMetric 数据库中。

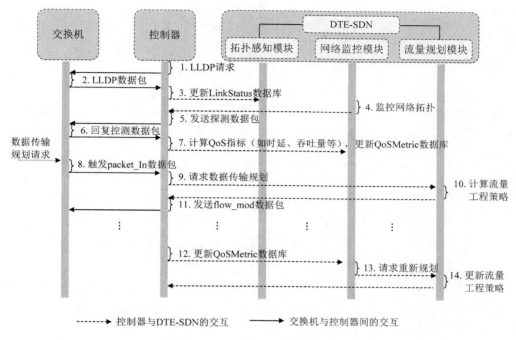

图 4.2　DTE-SDN 工作时序图

步骤 8～步骤 11：在步骤 8，一个时延敏感性数据传输规划请求会在源端交换机 *s* 触发 Open Flow 的 packet_In 消息，并发送至 SDN 控制器；在步骤 9，SDN 控制器的 packet_In_Handler 函数调用流量规划模块以响应数据传输规划请求；之后，在步骤 10，流量规划模块为数据规划请求计算合理的流量工程策略（包含路径计算、带宽规划和数据分发策略）；在步骤 11，控制器通过计算的流量工程策略配置相应的 Open Flow 流量规划脚本，并利用 Open Flow 的 flow_mod 消息在每个相关的交换机配置流表。

步骤 12～步骤 14：DTE-SDN 的网络监控模块实时监控网络状态，且 DTE-SDN 中每一个模块都在实时进行信息交互。在步骤 12，一旦网络监控模块的 QoSMetric 数据库被更新，流量规划模块会再次调用流量传输规划算法计算新的流量工程策略；新的流量传输规划策略会增加剩余数据的传输效率；在步骤 13，流量规划模块会利用 Open Flow 消息重新请求控制器部署新的流量规划脚本；在步骤 14，控制器把新的、拥有更高权限的 flow_mod 消息部署到每条路径的相关交换机。

### 4.1.3　问题描述

本章提出的数据传输规划引擎 DTE-SDN 是一款面向互联网数据传输专用网络的数据传输规划应用。因此，时延敏感性数据在网络中是以一定规模的"数据文件"的方式传输的。设某一提供时延敏感性数据传输服务专用网络的拓扑结构图为 $G(V,E)$（$V$ 为节点集，$E$ 为边集），并且网络中的每一个边 $e=(u, v)\in E$ 的最大可用带宽为 $b(e)>0$，最大链路时延为 $d(e)>0$（$b(e)$、$d(e)$ 为整数）。在某一时刻，数据专用网络 $G$ 需要从源端 $s$ 到目的端 $t$ 传输规划大小为 $\sigma$ 的数据文件。若 $p$ 为一条可用的 $s$-$t$ 路径，那么，$p$ 可用的最大

带宽 $b(p)$ 为

$$b(p) = \min_{e \in p} \, b(e) \qquad (4.1)$$

链路时延由传播时延、排队时延和处理时延组成。路径 $p$ 的路径时延被定义为

$$d(p) = \sum_{e \in p} d(e) \qquad (4.2)$$

在网络 $G$ 中，针对一个待传输的数据规模为 $\sigma$ 的数据文件，若用 $k$ 条 $s$-$t$ 路径规划其传输路径，则路径 $p^i$ 会消耗一部分带宽 $f(p^i) \leq b(p^i)$ 去传输一部分大小为 $\sigma^i$ 的数据 $\left( \sum_{i \in [1,k]} \sigma^i = \sigma \right)$。因此，在路径 $p^i$ 上，传递大小为 $\sigma^i$ 数据量的子文件，需要时间为

$$T(p^i, f(p^i), \sigma^i) = d(p^i) + \left\lceil \frac{\sigma^i}{f(p^i)} \right\rceil \qquad (4.3)$$

那么，通过每一条 $s$-$t$ 路径 $p^i$，传输数据量为 $\sigma$ 的数据文件一共需要时间为

$$T_{\text{sum}} = \max_{i \in [1,k]} T(p^i, f(p^i), \sigma^i) \qquad (4.4)$$

此外，假设针对一个未知数据传输网络，每条链路的数据流通方向和最大可用带宽（链路能力）信息都被预先存储在 SDN 控制器中，这样，DTE-SDN 的网络监控模块可以持续监控每条链路的吞吐量和链路时延。

## 4.2　网络 QoS 监控

### 4.2.1　吞吐量监控

为了实现数据流量精确规划和传输部署，网络中各相关路径在现阶段的吞吐量信息需要实时获取（以计算各链路的剩余带宽能力）。在 DTE-SDN 中，各链路的吞吐量监控方法如图 4.3 所示，针对每条有向链路 $e$ 的上行交换机，每隔固定的时间间隔 int，向关联该链路的上行交换机端口（图 4.3 中的交换机端口 eth1）发送 Open Flow 的 Port_Status_Request 信息。之后，作为响应，交换机发送 Open Flow 的 Port_Status_Reply 消息到控制器中，且通过控制器的 Port_Status_Reply_handler 函数解析可以得到该端口向链路转移传输的数据量大小。

若在每个轮询时间周期 int 后，DTE-SDN 的网络监控模块通过计算发现，共有 $\Delta \text{txBytes}(e)$ 字节数据通过交换机转移传输至被监控链路，那么，在这个时间周期，链路 $e$ 的吞吐量或链路被占用的带宽可通过如下公式计算：

$$f(e) = \frac{\Delta \text{txBytes}(e)}{\text{int}} \qquad (4.5)$$

若在 int 时间周期内，控制器已经通过分配流表的方式在链路 $e$ 上为该时延敏感传输分配大小为 $l(e)$ 的带宽，那么此时，可为该时延敏感性数据传输任务分配的最大带宽为

$$c(e) = b(e) - f(e) + l(e) \qquad (4.6)$$

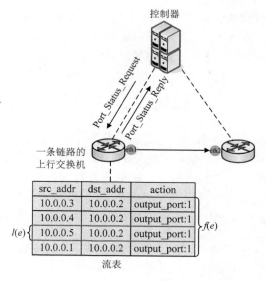

图 4.3　吞吐量监控方法

## 4.2.2　链路时延监控

与测量链路吞吐量相比，测量链路时延更加困难和复杂。现阶段，在不改变原有 Open Flow 协议的情况下，无法通过 Open Flow 流表项直接计算数据包通过链路的时间间隔（如为匹配流表项的数据添加时间戳）。因此，在现阶段 Open Flow 1.3 版本或可预见的未来版本，无法通过被动测量方法测量链路的链路时延。

DTE-SDN 的链路时延测量模块采用主动测量方法，即利用 Open Flow 的性质周期性地向网络各链路中发送探测数据包。如图 4.4 所示，DTE-SDN 通过如下方式测量链路时延。

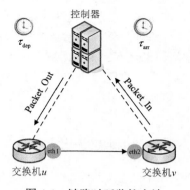

图 4.4　链路时延监控方法

（1）在链路的上行交换机 $u$ 发送探测数据包，并记录数据包的发送时间 $\tau_{dep}$，探测数据包通过链路抵达下行交换机 $v$，下行交换机 $v$ 利用 Open Flow 向控制器报告这一事件，并记录事件报告时间 $\tau_{arr}$。

（2）计算控制器与交换机 $u$、$v$ 的控制链路时延：利用 Open Flow 用控制器向交换机 $u$ 和 $v$ 发送主动询问数据包，且交换机收到数据包后，马上以相关确认数据包回复控制器。若进行一次主动询问，数据包从控制器发送到控制器收到确认数据包的往返时延为 $\text{RTT}_u$、$\text{RTT}_v$，那么，该链路的链路时延可近似计算为

$$d(u,v) = \tau_{\text{arr}} - \tau_{\text{dep}} - \frac{\text{RTT}_u + \text{RTT}_v}{2} \tag{4.7}$$

在实际测量链路时延过程中，利用数据包头的 payload 字段区别探测数据包，并采用独立的虚拟专用网利用 Open Flow 的 Packet_Out 消息从上行交换机发送探测数据包。下行交换机永远不会匹配该探测数据包，继而触发针对该数据包的 Packet_In 消息，完成从控制器-链路-控制器的一次探测。每隔周期 int，每条链路根据实际网络规模被探测 $\lceil \sqrt{|E|} \rceil$ 次，并取探测样本的中值作为该链路的实际链路时延测量值。此外，控制器与交换机的控制链路时延可通过测量链路的吞吐量测量，即利用 Port_Status_Request 和 Port_Status_Reply 完成控制器与交换机间的主动询问和确认。

通过本节所述方法，DTE-SDN 在实时获取网络各链路连通状态的同时，还可以实时掌握各链路的可用带宽和链路时延信息，继而为流量传输规划模块提供虚拟的可供计算的 QoS 网络。

# 4.3　流量传输规划架构

时延敏感的数据文件要求数据传输规划在尽可能短的时间内完成，即充分利用数据传输专用网的资源以保证数据传输。因此，这就要求流量规划模块为时延敏感性数据传输规划任务计算一组端到端路径，并且为每个端到端路径上的链路分配合适的带宽和计算数据分发策略。

如文献[5]所述，即使是仅采用两条端到端路径，单指标限制多径路由问题也已经被正名为 NP-hard 难题。由于 DTE-SDN 的流量规划模块旨在利用多径路由技术和数据传输专用网络中的每条潜在可用路径以在最短的时间内完成数据传输为目标，因此 DTE-SDN 中的流量传输规划问题也是 NP-hard 问题。换言之，DTE-SDN 中的传输规划问题在多项式时间不可解。为了解决 DTE-SDN 的流量传输规划问题，本章提出了一种基于时间扩展网络的最大网络动态流理论。基于此，又提出动态调度策略，旨在多项式时间内解决流量传输规划问题。

## 4.3.1　基于时间扩展网络动态流理论的调度优化

在详细阐述基于时间扩展网络的最大网络动态流理论前，先用少许篇幅介绍传统的最大网络动态流理论。

### 1. 最大网络动态流

最大网络动态流（maximum flow over time，MFT）由 Ford 和 Fulkerson 首先提出，该问题简述如下：在一个有向网络 $G(V,E)$ 中，网络中的每一个边 $e^i$ 的最大可用带宽为

$b(e) > 0$，最大链路时延为 $d(e) \geqslant 0$（$b(e)$、$d(e)$ 为整数），最大网络动态流问题旨在计算在时间 $\tau$ 内，从源端 $s$ 到目的端 $t$ 可以传输的最大数据量。

最大网络动态流问题已经被证明可以通过解决相关的最小费用流问题来解决。针对一个特定的时延敏感传输，若 $P$ 为相关端到端路径集，其相关的最大网络动态流的线性规划表述如下：

$$\min \sum_{\forall (u^i, v^i) \in p^i, p^i \in P} d(u^i, v^i) \cdot f(u^i, v^i) - \tau \cdot f(P)$$

$$\text{s.t.} \begin{cases} \sum_{(s, v^i) \in P} f(s, v^i) = \sum_{(v^i, t) \in P} f(v^i, t) = f(P) \\ \sum_{(u^i, v^i) \in P} f(u^i, v^i) = \sum_{(v^i, z^i) \in P} f(v^i, z^i), \quad \forall (u^i, v^i), (v^i, z^i) \in p^i, p^i \in P \\ 0 \leqslant f(u^i, v^i) \leqslant b(u^i, v^i), \quad \forall (u^i, v^i) \in p^i, p^i \in P \end{cases} \tag{4.8}$$

其中，$f(u^i, v^i)$ 为链路 $e^i = (u^i, v^i), e^i \in p^i, p^i \in P$ 上分配的流（带宽）；$f(P)$ 为该传输规划在所有路径上的聚合流。

由式（4.8）可知，在时间 $\tau$ 内，从 $s$ 到 $t$ 最多传输的数据量为

$$\text{MFT}(\tau, P) = \tau \cdot f(P) - \sum_{\forall (u^i, v^i) \in p^i} d(u^i, v^i) \cdot f(u^i, v^i) \tag{4.9}$$

此外，通过计算可知，一个时延敏感传输最多在 $\bar{\tau}$ 时间后完成数据传输规划。该时间可用来计算各路径的数据分发策略。若数据量大小为 $\sigma$ 的时延敏感性数据传输规划在时间 $\bar{\tau}$ 内完成，其相关的数据分发策略可通过计算如下整数分解得出：

$$\sum \sigma^i = \sigma, i = 1, 2, \cdots, |P|; \ 0 < \sigma^i \leqslant (\bar{\tau} - d(p^i)) \cdot f(p^i)$$

**证明 4.1** 由式（4.3）可知，在路径 $p^i$ 上传输数据量为 $\sigma^i$ 的数据需用至少 $\left(d(p^i) + \left\lceil \dfrac{\sigma^i}{f(p^i)} \right\rceil\right)$ 单元时间。因此，当时间为 $\bar{\tau}$ 时，通过 $p^i$ 最多可以传输 $(\bar{\tau} - d(p^i)) \cdot f(p^i)$ 单元数据。

然而，如式（4.8）所示，与 $\tau$ 时间相关的最大网络动态流问题（$\text{MFT}(\tau)$）可解，当且仅当满足如下条件：针对目标时延敏感性数据传输，获取一组 $s$-$t$ 路径集 $P$；针对路径集 $P$ 中每一条链路，即 $e \in p, p \in P$，掌握其可分配的带宽上限 $b(e)$ 和链路时延 $d(e)$。

此外，若利用 $\text{MFT}(\tau)$ 计算从源端 $s$ 到目的端 $t$，在时间 $\tau$ 内可以通过路径集 $P$ 传输的最大数据量，针对目标时延敏感性数据传输 $s$-$t$ 路径集 $P$ 还有更多限制，即路径集中每一条路径满足 $p \in \mathcal{P}, d(p) < \tau$。详见证明 4.2。

**证明 4.2** 由式（4.3）可知，在不考虑由链路带宽引起的传输时延时，通过路径 $p$，可将仅有 1 单元大小的数据从源端 $s$ 传输到目的端 $t$，当且仅当 $d(p) < \tau$。因此，若要解决 $\text{MFT}(\tau)$ 问题，路径集 $P$ 中的每条路径 $p$，必须满足 $d(p) < \tau$（当基于满足 $d(p) \geqslant \tau$ 的路径 $p$ 解决 $\text{MFT}(\tau)$ 问题时，$\text{MFT}(\tau)$ 问题依然可解，但相关路径会被分配大小为 0 的带宽。不仅没有意义，还会增加计算线性规划表达式的复杂度）。

由于多路径时延约束问题也是 NP-hard 问题，因此，现阶段，无法使用（不存在）

精确算法在一个未知网络中，找到一个源端 $s$ 到目的端 $t$ 的所有路径时延小于 $\tau$ 的 $s$-$t$ 路径。为了获取有效的时延约束路径集，继而构成并解决 MFT($\tau$)问题，本章提出一种 MFT($\tau$)问题的扩展问题，并命名为基于时间扩展网络的最大网络动态流（MAFT($\tau$)）。通过解决一个时延 $\tau$ 相关的 MAFT($\tau$)问题，不仅可以解决多路径时延约束路径集的选取问题，还可以优化网络吞吐量，为相关链路分配合适带宽，制定数据分发策略。在接下来的小节中，将证明时延 $\tau$ 相关的 MAFT($\tau$)问题也可以用线性规划表达式表述，并且可以用来构成精确的伪多项式时间算法，以解决 DTE-SDN 的流量传输规划问题。

2. 时间扩展网络

时间扩展网络，又称辅助图，其允许原始网络节点在时间维度上扩展，继而可以应用到解决多种网络中的路由问题。文献[6]采用时间扩展网络解决传统通信网络中的风险规避路由问题。利用时间扩展网络，数据在各节点允许存储并等待，继而实现风险规避；文献[7]采用时间扩展网络，并基于时间扩展网络解决原始网络的最大流问题，然后再把所得到的解转化到原始网络中。此外，在本章的网络模型中，假设网络中的链路时延是整数值，那么，与时间 $\tau$ 相关的时间扩展网络 $G^T(V^T, E^T, \tau)$ 可由算法 4.1 构成。

---

输入：$G, s, t, \tau$

输出：$G^T(V^T, E^T, \tau)$

1 **for** $v \in V, v \neq s, t$ **do**

2　　　　$V^T \leftarrow v^{[i]}, i = 0, 1, \cdots, \tau - 1;$

3 **end**

4 $V^T \leftarrow t^{[j]}, j = 0, 1, \cdots, \tau;$

5 $V^T \leftarrow s^{[0]};$

6 **for** $(u, v) \in E, u \neq s, t$ **do**

7　　　　$E^T \leftarrow \left(u^{[i]}, v^{[i+d(u,v)]}\right), i = 0, 1, \cdots, \tau - d(u, v) - 1;$

8 **end**

9 $E^T \leftarrow \left(s^{[0]}, v^{[d(s,v)]}\right), \forall (s, v) \in E;$

10 $E^T \leftarrow \left(t^{[i]}, t^{[i+1]}\right), i = 0, 1, \cdots, \tau - 1;$

11 若节点 $v^{[i]} \neq s^{[i]}, t^{[i]}$ 的出度或者入度为 0，把节点 $v^{[i]}$ 和与其连接的边从时间扩展网络 $G^T$ 中删除。

算法 4.1　时间扩展网络构造算法

---

如算法 4.1 所示，$G^T(V^T, E^T, \tau)$ 可以通过 3 步构成：算法 4.1 的第 1～5 行用来构成 $G^T(V^T, E^T, \tau)$ 的节点集 $V^T$；算法 4.1 的第 6～10 行用来构成 $G^T(V^T, E^T, \tau)$ 的边集 $E^T$；算法 4.1 的第 11 行用来删除无意义的节点和边（如不可能到达目的端 $t$ 的无意义路径），继而可以构成后文所述的 MAFT($\tau$)问题。时间扩展网络 $G^T$ 具有如下特征：

- 如证明 4.2 所述，在不考虑由带宽引起的传输时延情况下，在时间 $\tau$ 内，数据（无论大小）经路径 $p$ 从源端 $s$ 传输到目的端 $t$，当且仅当 $d(p) < \tau$。因此，针对每

一个原网络节点 $v \in V, v \neq t$ ，最多可以在 $E^T$ 扩展 $\tau$ 个节点。

- 由于路径集中的每条 s-t 路径的数据传输规划都从时间 0 开始，因此针对源端 s，$E^T$ 仅包含 $s^0$，且通过 $E^T$ 扩展 $\tau$ 个目的端节点 $t^0, t^1, \cdots, t^\tau$ 以实现 s-t 路径时延约束。此外，在 $E^T$ 中，链路 $(u^{[i]}, v^{[i+d(u,v)]}) \in E^T$ 表示：数据在时间 $i$ 到达原网络节点 $u$，还需要 $d(u, v)$ 单元时间通过原网络链路 $(u, v)$（假设数据不会在中间节点排队滞留）。

- 若节点 $v^{[i]} \neq s^{[i]}$，$t^{[i]}$ 的出度或者入度为 0，把节点 $v^{[i]}$ 和与其相关联的边从时间扩展网络 $G^T$ 中删除。这是由于在 $G^T$ 中，一条不连通的 s-t 路径实际上是原网络 G 中一条路径时延大于 $\tau$ 的 s-t 路径。该类路径无法构成并解决 MAFT($\tau$) 问题。

例如，在图 4.5（a）所示示例中，每个有向边旁边是这条边的（可用带宽，链路时延）权值对，那么，若从源端 s 到目的端 t 在 $\tau=4$ 单元时间要传输规划一条数据流，采用算法 4.1，其相关的时间扩展网络可由图 4.5（b）～（d）所示步骤构成。由图 4.5（d）可以发现：

（1）$G^T$ 中的任何 s-t 路径，在原网络 G 中都有一个相关的路径时延小于 $\tau$ 的 s-t 路径。例如，在原网络 G 中，共有两条 s-t 路径：<s-a-b-t>、<s-b-t>，分别与 $G^T$ 中的 s-t 路径 $<s^{[0]}-a^{[1]}-b^{[2]}-t^{[3]}>$、$<s^{[0]}-b^{[1]}-t^{[2]}>$ 相对应；节点 $u^{[i']} \in <s^{[0]} - t^{[J]}>$ 表示数据流在时间 $i'$ 到达节点 u。

（2）在 $G^T$ 中，所有链路 $(u^{[i]}, v^{[i+d(u,v)]})$ 的最大聚合带宽不允许超过在原网络 G 中链路 $(u, v)$ 的最大带宽，即 $b(u, v)$。例如，在 $G^T$ 中，链路 $(b^{[1]}, t^{[2]})$，$(b^{[2]}, t^{[3]})$ 最大可用聚合带宽不能超过原图 G 中链路 $(b, t)$ 的最大可用带宽，即不能超过 8。

彩图 4.5

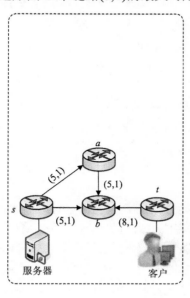

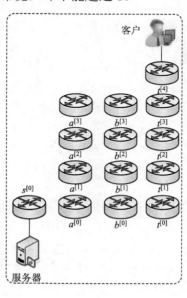

（a）原始网络 G　　　　　　　　　　（b）步骤 1

图 4.5　时间扩展网络构造步骤

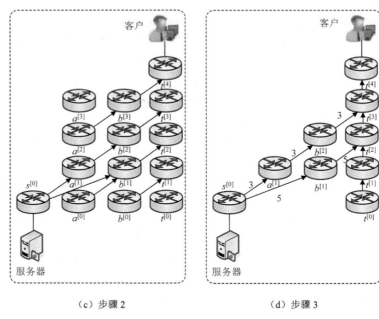

（c）步骤2　　　　　　　　　　　（d）步骤3

图 4.5（续）

### 3. MAFT 的线性规划表达式

基于时间扩展网络的最大网络动态流（MAFT）可用式（4.10）所示线性规划表达式表述，其中，$f(u^{[i]}, v^{[i+d(u,v)]})$ 为链路 $e = (u^{[i]}, v^{[i+d(u,v)]})$ 分配的带宽，$f(G^T)$ 为该时间扩展网络的最大 $s$-$t$ 聚合带宽。此外，式（4.10）中的第 2 行保证源节点 $s$ 和目的节点 $t$ 的带宽守恒，即从 $s$ 出去的流与到 $t$ 的流相等。式（4.10）的第 4 行保证中间节点的带宽守恒，即流入节点 $u$ 的流和流出的流相等。式（4.10）的第 6 行保证不同路径在同一链路的聚合带宽不能超过该链路的最大带宽能力。参考式（4.8）和式（4.10），在时间 $\tau$ 内，通过 $G^T$ 的源端 $s^{[0]}$ 到目的端 $t^\tau$，最多可传输的数据量可由式（4.11）计算。

在图 4.5（d）所示时间扩展网络中，当分别为路径 $p_1$=<$s, a, b, t$>、$p_2$=<$s, b, t$>分配带宽 $f(p_1)$=3、$f(p_2)$=5 时，在时间 $\tau$=4 内，由源端 $s$ 到目的端 $t$ 最多可以传输 13 单元数据。图 4.5（d）中每条链路旁的整数为当采用式（4.10）优化网络流量时，为每条链路分配的带宽。

当合理规划网络资源，为每个相关链路分配合理的带宽时，针对一个固定网络，数据规模为 $\sigma$ 的数据可以在一个最小时间 $\bar{\tau}$ 内完成传输规划。通过解决 MAFT 问题，可以计算出在时间 $\tau$ 内，通过一个网络 $G$，从源端 $s$ 到目的端 $t$ 最多可以完成传输的数据量，换言之，通过解决 MAFT 问题，可以计算出在时间 $\tau$ 内，该网络可以提供的最大吞吐量。因此，通过解决 MAFT 问题，可以计算出传输数据规模为 $\sigma$ 的数据，所需要的最小时间 $\bar{\tau}$。接下来，将提出一个基于逐步解决 MAFT 问题的动态调度算法，并将其部署在 DTE-SDN 的流量传输规划模块中。

$$\min \sum_{\forall\left(u^{[i]},v^{[i+d(u,v)]}\right)\in E^T} d\left(u^{[i]},v^{[i+d(u,v)]}\right)\cdot f\left(u^{[i]},v^{[i+d(u,v)]}\right)-f\left(G^T\right)\cdot \tau,\quad (u,v)\in E$$

$$\text{s.t.}\begin{cases} \displaystyle\sum_{\left(s^{[i]},v^{[i+d(s,v)]}\right)\in E^T} f\left(s^{[0]},v^{[i+d(s,v)]}\right)=\sum_{\left(v^{[i]},t^{[i+d(v,t)]}\right)\in E^T} f\left(v^{[i]},t^{[i+d(v,t)]}\right),\cdots \\ \qquad\qquad\qquad (s,v)/(v,t)\in E \\ \displaystyle\sum_{\left(u^{[i]},v^{[i+d(u,v)]}\right)\in E^T} f\left(u^{[i]},v^{[i+d(s,v)]}\right)=\sum_{\left(v^{[i]},z^{[i+d(u,v)]}\right)\in E^T} f\left(v^{[i]},z^{[i+d(u,v)]}\right),\cdots \\ \qquad\qquad v^{[i]}\neq s^{[0]},t^{[i]},(u,v)\in E, \\ \displaystyle\sum_{i=0} f\left(u^{[i]},v^{[i+d(u,v)]}\right)\leqslant b(u,v),\left(u^{[i]},v^{[i+d(u,v)]}\right)\in E^T,(u,v)\in E, \\ f\left(u^{[i]},v^{[i+d(u,v)]}\right)\geqslant 0,\left(u^{[i]},v^{[i+d(u,v)]}\right)\in E^T,(u,v)\in E \end{cases}\tag{4.10}$$

$$M\left(\tau,G^T\right)=\tau\cdot f\left(G^T\right)-\sum_{\forall\left(u^{[i]},v^{[i+d(u,v)]}\right)\in E^T} d\left(u^{[i]},v^{[i+d(u,v)]}\right)\cdot f\left(u^{[i]},v^{[i+d(u,v)]}\right)\tag{4.11}$$

### 4.3.2　基于精确搜索的动态调度策略

通常在一个真实数据传输专用网络中，每条链路的链路时延、链路吞吐量，其至网络拓扑都是实时变化的，换言之，以优化网络中目标时延敏感传输的吞吐量为目的的最优化求解都是临时的最优解。为了加快时延敏感传输，优化网络流量，提出基于贪婪思想的"实时动态调度"优化方案，如图 4.6 所示。该动态方案每隔时间间隔 int，采用算法 4.2 所示精确调度算法，以根据当前网络中的拓扑，各链路时延和可用带宽计算当前网络状况下的最优化带宽分配方案。如图 4.6 所示实时动态调度方案，其流量重规划方案是根据在当前时段，还没有上传到各 s-t 路径的数据量大小 $\sigma_r$。此外，为了减少由于重规划所带来的额外开销（包含计算开销和传输配置开销），只有当重规划可以提高网络传输效率超过上限 $\alpha$ 时，该重规划才被执行。具体如下：若在当前时刻（网络流优化方案下），剩余数据仍需 $\tau$ 单元时间完成传输规划，若在此刻，重新为剩余未传输的数据计算流量优化方案，剩余数据可在 $\tau'$ 单元时间完成传输规划，所计算重规划方案被执行，当且仅当 $\tau'-\tau\geqslant 0$。

算法 4.2 的第 2～13 行利用二项搜索技术通过反复解决 MAFT($\tau$) 问题以计算当前数据（或剩余数据）最小完成规划时间 $\bar\tau$，继而计算基于当前网络 QoS 状态的最优流量传输规划方案。如算法 4.2 第 7 行所示，算法 4.2 求得最优解并停止搜索，当且仅当 $M(\bar\tau,G^T)\geqslant \sigma$。此外，如证明 4.3 所示，当前数据（或剩余数据）的最小完成传输规划时间 $\bar\tau$ 可由基于搜索范围 $\left[d(p^*)+1,d(p^*)+\left\lceil\dfrac{\sigma}{b(p^*)}\right\rceil\right]$ 的二项搜索计算而得（$p^*$ 为路径时延最小的 s-t 路径）。当 $M(\bar\tau,G^T)\geqslant \sigma$ 时，算法 4.2 第 14 行通过解决一个相关的 MAFT($\bar\tau$) 问题计算时延敏感传输的 s-t 路径集 P。算法 4.2 第 15～17 行用来为每条路径集中的 s-t 路径分配合适带宽。算法 4.2 第 18 行用来计算数据分发策略。

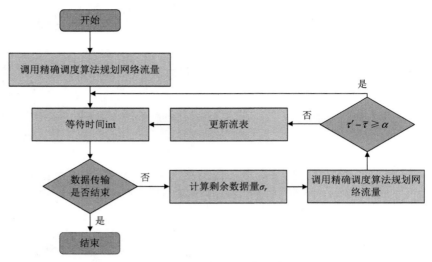

图 4.6　实时动态调度方案

输入：$G, s, t, \tau, \sigma$

输出：时延敏感的传输调度方案

1 基于 QoSMetric 数据库构建解决 MAFT 问题的数据集；

2 　$x \leftarrow d(p^*) + 1; y \leftarrow d(p^*) + \left\lceil \dfrac{\sigma}{b(p^*)} \right\rceil;$

3 **while** 　$y \neq x + 1$ 　 **do**

4 　　$\bar{\tau} \leftarrow \left\lfloor \dfrac{x+y}{2} \right\rfloor;$

5 　　调用算法 4.1 构建基于时间 $\bar{\tau}$ 的时间扩展网络 $G^T(V^T, E^T, \bar{\tau});$

6 　　基于 $G^T(V^T, E^T, \bar{\tau})$ 解决 MAFT($\bar{\tau}$) 的线性规划表达式；

7 　　**if** 　$M(\bar{\tau}, G^T) \geqslant \sigma$ 　 **then**

8 　　　　$y \leftarrow \bar{\tau};$

9 　　**else**

10 　　　　$x \leftarrow \bar{\tau};$

11 　　**end**

12 **end**

13 $\bar{\tau} \leftarrow y;$

14 通过解决基于 $G^T(V^T, E^T, \bar{\tau})$ 的 MAFT($\bar{\tau}$) 问题为时延敏感性数据传输计算路径集 $P$；

15 **for** 　$p^i \in P$ 　 **do**

16 　　$f(p^i) \leftarrow \min_{\left(u^{[i]}, v^{[i+d(u,v)]}\right) \in p^i} f\left(u^{[i]}, v^{[i+d(u,v)]}\right)$

17 **end**

18 参考证明 4.1，通过计算 $\sigma^i$ 整数组合满足 $\sum_{i \in [1,k]} \sigma^i = \sigma, 0 < \left(\bar{\tau} - d(p^i)\right) \cdot f(p^i)$，计算数据分发方案。

算法 4.2　精确调度算法

**证明 4.3**　如式（4.3）所示，若仅用一条路径（路径时延最小路径）规划时延敏感性数据（数据量仅为 1 单元）的传输，至少需要 $d(p^*)+1$ 单元时间。同理，若数据量为 $\sigma$，用 $p^*$ 传输数据共需时间 $d(p^*)+\left\lceil\dfrac{\sigma}{b(p^*)}\right\rceil$ 单元。因此，搜索范围为 $\left[d(p^*)+1, d(p^*)+\left\lceil\dfrac{\sigma}{b(p^*)}\right\rceil\right]$。

在算法 4.2 中，基于时间扩展网络解决 MAFT 问题，利用线性规划技术可在伪多项式时间完成，且其执行时间受限于 MAFT 的问题规模 $S(\varepsilon)$。算法 4.2 第 2～11 行最多需要解决 $\left\lceil\lg\left(\left\lceil\dfrac{\sigma}{b(p^*)}\right\rceil\right)-1\right\rceil$ 个 MAFT 问题，即受限于时延敏感性数据传输规划问题规模。因此，算法 4.2 为伪多项式时间可解算法。

此外，为了限制时延敏感性数据传输规划问题规模，提升算法 4.2 的运行效率，更适应实际应用，网络 $G$ 中每条链路的实际带宽边权被设置为 $\left\lceil\dfrac{d(e)}{\mu}\right\rceil$，其中 $\mu$ 为边权限制阈值，其大小根据实际网络规模设置。换言之，把与时延 $\tau$ 相关的基于时间扩展网络的最大网络动态流问题转换为与时延 $\left\lceil\dfrac{\tau}{\mu}\right\rceil$ 相关的基于时间扩展网络的最大网络动态流问题。

此外，根据算法 4.2 和实时动态调度策略，时延敏感传输从时间 0 开始规划，当经过一个时间周期 int 后，在路径 $p^i \in P$ 上最多可以上传的数据量为

$$u\left(p^i, \text{int}\right) = \min\left\{f\left(p^i\right)\cdot\text{int}, \sigma^i\right\}, p^i \in \lambda \tag{4.12}$$

其中，在时间 int 后，还没有上传到各传输路径的数据量 $\sigma_r$ 为

$$\sigma_r = \sigma - \sum_{p^i \in \lambda} u\left(p^i, \text{int}\right) \tag{4.13}$$

### 4.3.3　调度策略部署

MPTCP 可以使传统的 TCP 数据流分发到多个不同的端到端路径上，继而实现多径传输。然而，与 MPTCP 不同，现阶段针对传统的 UDP 数据流，尚不存在可用的传输层协议可以使 UDP 数据流分发到多个端到端路径上，继而实现如 MPUDP 的效果。为了实现 UDP 数据流多径传输功能，提出概率匹配算法，该算法利用 Open Flow 的 group table 特性，重新定义 group table 的多路径数据转发功能性质，继而实现 UDP 数据流多径转发。

Open Flow 的 group table 组件可以实现交换机多端口"抽象组合"，继而实现数据流的多径路由功能。传统的 Open Flow 的流表项，在 action 字段，允许匹配 match 字段的目标流量经过该交换机，并从该交换机的一个端口处转发。然而，Open Flow 的 group table 组件的端口组合功能可以使 Open Flow 的一个流表项的 action 字段具有多个对应转发端口功能。如图 4.7 所示，每个包含 group table 的流表项的 action 字段可以包含多个 action bucket，一条经过该交换机、匹配该流表项的流可以按照其中一个 action bucket 中的动作进行转发。在 Open vSwitch 2.3 或更早期的版本，类型为 select 的 group table

会根据每个以太网目的端的 MAC 地址所分配的权值大小从每个可用的处于可激活状态的 action bucket 中随机选择一个 bucket 进行数据转发。甚至在 Open vSwitch 2.4 或更后期的版本，action bucket 在默认条件下，也是根据源或目的 MAC 地址、VLAN ID、以太网类型、IPv4/IPv6 的源或目的 IP 地址选择的。这意味着，在现有的基于 Open Flow 协议的交换机中（如 Open vSwitch），当采用类型为 select 的 group table 时，无论基于何种特征选择 bucket，在同一时刻，仅可以选择一个 bucket 中的 action 作为潜在的数据转发项。如图 4.7 所示，从节点 s 到节点 t 共有 3 条端到端路径（$P=\{p^1=<s, a, t>, p^2=<s, t>, p^3=<s, b, t>\}$），且客户端（与节点 s 相连）要从服务器端（与节点 t 相连）请求下载数据。假如在节点 s 处的流表项中配置类型为 select 的 group table，即使在该 group table 中配置 3 个 action bucket 组件，且每个 action bucket 组件的 action 字段分别将匹配的目标流从节点 s 处的端口 1、端口 2、端口 3（eth1，eth2，eth3）转发出去，仅有一条路径可以被用来规划下载数据。当且仅当在这一时刻，还有其他数据流需要从节点 s 转移到节点 t，其他两条路径才有可能被采用。

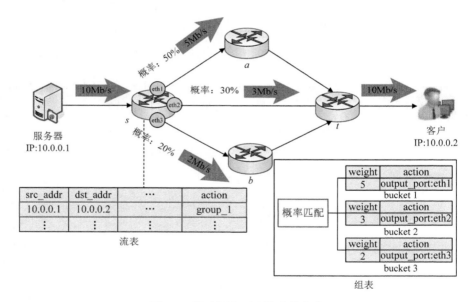

图 4.7　基于概率匹配的流量分发

### 1. 基于 Open Flow 的概率匹配组表

基于上述问题，为了将 UDP 数据流分发到多个端到端路径上，继而实现 UDP 多径路由，提出基于 Open Flow 的概率匹配组表，并通过更改 Open vSwitch 源代码将其部署在实验中。在实际实验中，通过改进 Open vSwitch 2.7.1 的源文件/ofproto/ofproto-dpif-xlate.c 以实现概率匹配组表，其伪代码如算法 4.3 所示。此外，为了详述概率匹配算法执行流程，解释图 4.8 所示示例。

> 输入：一个匹配流表项的数据包，weight1,weight2,…,weight*n*
> 输出：选择匹配的 bucket action 处理该数据包
> 1 通过排列每个 bucket 的权值，计算每个 bucket 的匹配概率并设置组表；
> **2 while** 一个数据包被该流表项匹配 **do**
> 3　　产生一个在[1,10]服从均匀分布的整数 *i*；
> 4　　通过匹配 *i* 和每个 bucket 的权值（概率），执行被匹配的 bucket 中的 action（决定匹配数据的转发端口或丢弃）；
> **5　　end**

算法 4.3　概率匹配算法

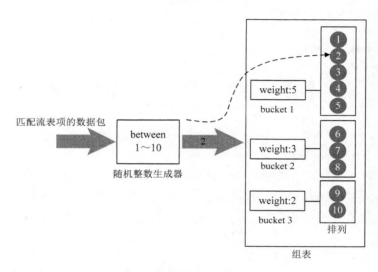

图 4.8　概率匹配示例

在图 4.8 所示的概率匹配示例中，组表中每个 bucket 的权值的取值范围为 1～10，且其权值和为 10（如在本例中，bucket action 权值分别为 5、3、2）。因此，每个 bucket 的匹配概率可以通过排列其权值计算而得。当一个数据包流经该交换机并匹配该具有概率匹配组表功能的流表项时，该组表会触发一个在 1～10 范围服从均匀分布的整数（本例中为 2）。之后，被匹配的 bucket 会采用该 bucket 相关的 action 执行数据包处理（从被执行的 action 中相关的端口转发或丢弃）。采用基于 Open Flow 的概率匹配组表，UDP 多径路由问题可以解决。如图 4.7 所示，从节点 *s* 到节点 *t* 共有 3 条端到端路径：$p^1 = <s, a, t>$，$p^2 = <s, t>$，$p^3 = <s, b, t>$，每条路径的最大带宽能力分别为 5Mb/s、3Mb/s 和 2Mb/s。为了最大化从服务端到客户端的吞吐量，在节点 *s* 部署一个流表项，并在该流表项的 action 字段配置一个基于 Open Flow 的概率匹配组表，这样一个从服务端发出的带宽为 10Mb/s 的聚合流可以分别以 $f(p^1)=5$Mb/s，$f(p^2)=3$Mb/s，$f(p^3)=2$Mb/s 分发到各路径中。此外，为了保证各分发数据流的带宽，分别在节点 *s* 的端口 1、端口 2、端口 3 部署，queue 配置信息如图 4.9 所示。

```
ovs-vsctl - set Port s-eth1 qos=@newqos
--id=@newqos create QoS type=linux-htb
other-config:max-rate=5000000 queues=0=@q0
--id=@q0 create Queue
other-config:min-rate=5000000 other-config:max-rate=5000000
ovs-vsctl - set Port s-eth2 qos=@newqos
--id=@newqos create QoS type=linux-htb
other-config:max-rate=3000000 queues=0=@q0
--id=@q0 create Queue
other-config:min-rate=3000000 other-config:max-rate=3000000
ovs-vsctl - set Port s-eth3 qos=@newqos
--id=@newqos create QoS type=linux-htb
other-config:max-rate=2000000 queues=0=@q0
--id=@q0 create Queue
other-config:min-rate=2000000 other-config:max-rate=2000000
```

图 4.9　queue 配置信息

### 2. 流量规划

为了使网络流量动态切换更加平稳，基于 SDN 的交换机配置更加高效，在实际配置规划网络流量时，基于网络当前的拓扑结构将网络中的节点分为两种，即交叉节点和并行节点。交叉节点被定义为：在一个有向网络中，若一个节点至少有两条下行链路，即节点的出度大于等于 2，那么该节点为网络中的交叉节点。同比之下，并行节点的出度为 1。在图 4.7 中，节点 $s$ 是交叉节点，节点 $a$、$b$ 是并行节点。基于 Open Flow 的概率匹配组表被部署在每一个交叉节点，并且组表中的 bucket 权值可由式（4.10）的第 2、4 行在计算源端、目的端流量守恒，中间节点流量守恒时计算而得。同比之下，在并行节点中，部署一个普通的 Open Flow 流表项即可保证时延敏感性数据的端到端传输。此外，经由基于式（4.10）的精确调度算法可知，每个端到端路径上分配的数据会有差异，继而导致某些路径会提早完成传输规划，因而需要重新整合网络中的数据传输聚合带宽并在相关交换机上重新配置流表。在实际实现中，利用脚本完成上述配置操作。需要声明的是，上述聚合带宽精确配置与数据分发旨在保证数据传输精确调度，然而，在实际数据传输网络实现过程中，由于不同路径的路径时延相差不大，因而即使不做精确配置，以在目的端接收数据量的总和限制流量传输，最终的传输规划完成时间与精确配置下的传输规划完成时间相差不大。在如图 4.10 所示的流量配置示例中，最初，共有 3 条路径 $p^1$、$p^2$ 和 $p^3$ 用来规划数据传输。

通过调用精确调度算法并由式（4.3）计算可知，路径 $p^1$、$p^2$ 和 $p^3$ 分别在时间 $t_1$、$t_2$ 和 $t_3$ 完成传输。因此，数据传输的聚合带宽可在时间 $t_0$、$t_1$ 和 $t_2$ 重新整合。此外，在利用脚本重新为相关交换机配置流表的过程中，DTE-SDN 利用 Open Flow 流表的 OFPFC_DELETE 和 priority 性质来控制流表项切换。其具体操作如下：当整个网络流量的聚合带宽被重新规划后，若一个交换机不会再被用来传输数据，控制器会在合适时间发送 OFPFC_DELETE 消息以删除其流表项，若该交换机以新的带宽规划传输数据，控制器会下发新的具有更高权限的流表项以替代旧的流表项。

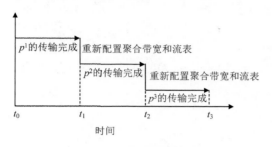

图 4.10　流量配置示例

## 4.4　仿　真　验　证

为了验证时延敏感传输规划引擎 DTE-SDN 的有效性，下面展示一些测试结果。实验采用 SDN 仿真器 mininet[8]，交换机采用 Open vSwitch v2.7.1，并用 mininet 中的 traffic control（TE）链路仿真网络拓扑。实验场景如图 4.11 所示（由实线构成的网络拓扑），其中，每一个有向链路旁都有一个链路最大可用带宽和链路时延权值对。实验过程进行如下：基于 Ryu v3.28 控制器，在 DTE-SDN 的控制下，从节点 $s$ 到节点 $t$，传输规划一条数据流。为了简化实验，并且可以动态调整实验数据流（如调整数据流的聚合带宽）。在实验中，在节点 $s$ 处部署一个虚拟主机 server 用来作为流量发生器并在流量发生器上部署 Open Flow 的 meter table，并通过配置 meter table 的 band 字段整合数据流的聚合带宽。此外，实验采用 type='drop'类型的 meter table 以限制数据流的聚合带宽，换言之，若数据流的带宽超过 meter table 的 band's rate 所配置的带宽，超出部分的数据会被丢弃。

彩图 4.11

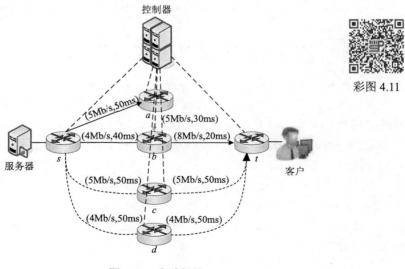

图 4.11　实验场景

首先展示针对 DTE-SDN 的网络监控模块的实验测试结果。如图 4.11 所示，通过在节点 $s$ 部署一个与目标传输数据流相关的基于 Open Flow 的概率匹配组表产生一个 60s 的动态 UDP 数据流。组表中共有两个 bucket action，且分别配置 bucket weight 为 2 和 8，并分别与路径 $<s, a, b, t>$ 和 $<s, b, t>$ 相关。此外，数据流的动态聚合带宽设置如表 4.1 所示，图 4.12（a）、（b）所示为当 int 被设置为 1s 时，链路 $(s,a)$，$(s,b)$ 的吞吐量监控测试结果。

彩图 4.12

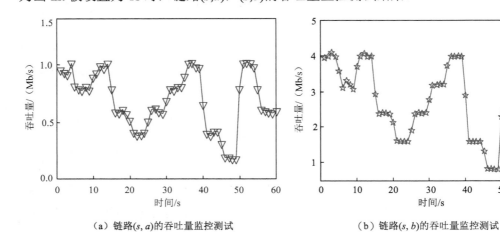

（a）链路 $(s, a)$ 的吞吐量监控测试　　　　（b）链路 $(s, b)$ 的吞吐量监控测试

图 4.12　吞吐量监控测试

由结果可知，DTE-SDN 的网络监控模块的测试准确率如下：

$$\frac{f(s,a)}{f(s,b)} = 0.25 \pm 0.022 , \quad f(s,a) + f(s,b) = f(G) \pm 0.31$$

其中 $f(G)$ 是表 4.1 所示的数据流聚合带宽。

表 4.1　数据流的聚合带宽设置

| 时间/s | 0~5 | 5~10 | 10~15 | 15~20 | 20~25 | 25~30 |
|---|---|---|---|---|---|---|
| 带宽/(Mb/s) | 5 | 4 | 5 | 3 | 2 | 3 |
| 时间/s | 30~35 | 35~40 | 40~45 | 45~50 | 50~55 | 55~60 |
| 带宽/(Mb/s) | 4 | 5 | 2 | 1 | 5 | 3 |

此外，图 4.13 所示为网络中各链路的链路时延监控测试结果，详细如下：链路 $(s, a)$ 的链路时延平均值为 50.1757ms，95%置信区间为[49.9869ms, 50.3646ms]；链路 $(s, b)$ 的链路时延平均值为 41.0536ms，95%置信区间为[40.8829ms, 41.2242ms]；链路 $(a, b)$ 的链路时延平均值为 30.4993ms，95%置信区间为[30.3368ms, 30.6618ms]；链路 $(b, t)$ 的链路时延平均值为 19.6191ms，95%置信区间为[19.4418ms, 19.7964ms]。以上结果证明 DTE-SDN 的网络监控模块不仅可以在一定误差范围内测量网络各链路的吞吐量和链路时延，而且也证明了基于 Open Flow 的概率匹配组表的有效性，即可以根据 bucket 的权值分发网络数据流。

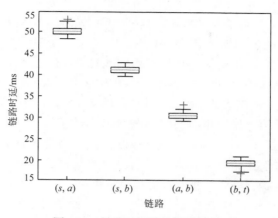

图 4.13　链路时延监控测试结果

为了测试 DTE-SDN 的流量传输规划模块，当 int=2s 时，首先展示一些实验结果用以测试在第 4.3.2 节提出的实时动态调度策略（将其命名为 $dy_2$），之后，将展示一些测试结果用来说明 int 如何影响 DTE-SDN 的流量传输调度效率。实验过程中，$\alpha$ 设置为 0，换言之，在每次重新规划阶段，若该重新规划会提升数据传输效率，那么，无论提升程度如何，该重新规划方案都会被执行。基于图 4.11 所示拓扑（由实线组成），比较 $dy_2$ 和一些传统的基于单路径路由的数据传输调度方案，如 the Widest-Shortest Path routing（WSP）算法[9]、the Shortest-Widest Path routing（SWP）算法[10]。此外，也将 $dy_2$ 和基于最大流理论的多径路由数据传输规划实时动态调度策略（如文献[11]所示，将其命名为 $dy_{max}$）进行比较。$dy_{max}$ 可采用式（4.14）所示线性规划表达式进行数据分发。

$$\min T_{sum}$$
$$\text{s.t.} \sum \sigma^i = \sigma, 0 \leqslant \sigma^i \leqslant \left(T_{sum} - d\left(p^i\right)\right) \cdot f\left(p^i\right) \tag{4.14}$$

采用上述算法，在图 4.11 所示网络中传输数据量大小分别为 10MB、20MB 和 50MB 的数据文件，以比较在每种传输调度策略下，传输规划相同数据量的数据文件所需要的时间。为了避免由于 DTE-SDN 的网络监测模块误差导致的流量传输规划误差，每种文件被重复传输 500 次，通过分析消耗时延的统计特征继而分析每种算法的优劣。如图 4.14 所示的统计结果，与传统的基于单路径路由的数据传输调度方案（基于 WSP 和 SWP 算法）相比，无论传输的数据量大小，$dy_2$ 策略更加高效。这是由于 $dy_2$ 采用基于解决 MAFT 问题的多径路由技术并采用动态调度策略。在本例中，如图 4.14 所示，由于 $dy_2$ 在计算网络最大流的同时，根据端到端路径的路径时延大小执行数据分发，而 $dy_{max}$ 仅计算端到端的最大流。因此，与 $dy_{max}$ 调度策略相比，$dy_2$ 的数据传输规划效率更高。此外，通过实验发现，DTE-SDN 理论上以 2.15% 的误差取得最优数据调度方案。

如图 4.6 所示，int 的大小会影响实时动态调度的频率或效率，继而影响传输规划效率。为了深入分析 int 的大小对数据传输规划效率的影响，本章基于可变拓扑结构网络进行数据传输规划实验。数据传输规划从时间 0 开始，实验拓扑如图 4.11 实线所示。随着时间推移，分别在时间 5s 和 9s 后，又有两个新的端到端路径<s, c, t>，<s, d, t>被控制器发现。实验过程中，int 分别被设置为 1.5s、2s、4s、6s 和 10s（分别将其命名为 $dy_{1.5}$、

$dy_2$、$dy_4$、$dy_6$ 和 $dy_{10}$），分别比较传输数据规模为 20MB、50MB、70MB 和 100MB 大小的 UDP 数据时，在各规划策略的控制下，完成传输规划所需要的时间。图 4.15 所示为重复执行 500 次实验的结果统计图，由图 4.15 可知，频繁地数据传输重规划有时不能得到更好的数据传输规划结果。例如，在比较 $dy_{1.5}$ 和 $dy_2$ 时，针对本例，$dy_{1.5}$ 比 $dy_2$ 效率更高。然而，在比较 $dy_4$ 和 $dy_6$ 时，虽然 $4 < 6$，但 $dy_6$ 的效率要高于 $dy_4$。这是由于：当网络拓扑第一次发生改变时（在 5s），3s 之后，$dy_4$ 才重新规划网络数据传输，同比之下，$dy_6$ 在网络拓扑第一次改变 1s 之后，就重新规划网络数据传输。换言之，当实验网络拓扑发生改变时，数据传输规划越早进行，网络资源越可能得到充分利用，数据传输规划越早完成。此外，由实验结果可知，当网络拓扑结构发生改变时，数据传输重规划有时候无法同步进行。例如，当网络拓扑结构第二次改变时，当

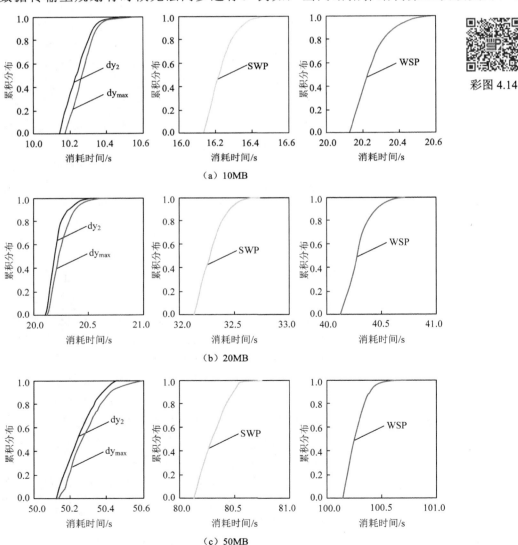

彩图 4.14

图 4.14　$dy_2$ 与 $dy_{max}$、SWP、WSP 对比

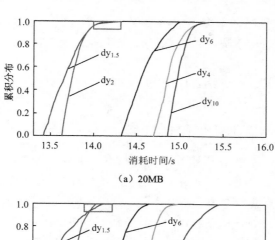

彩图 4.15

（a）20MB

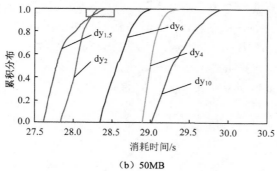

（b）50MB

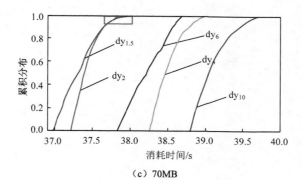

（c）70MB

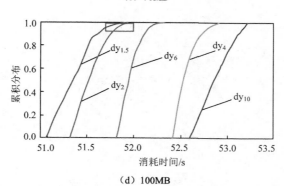

（d）100MB

图 4.15　$dy_{1.5}$ 与 $dy_2$、$dy_4$、$dy_6$、$dy_{10}$ 对比

采用 dy$_{1.5}$ 规划数据传输时，数据传输本应在 9s 后重规划。然而，DTE-SDN 的网络监控模块有时无法发现这一改变，致使数据传输效率变低，如图 4.15（a）～（d）方框所示。

此外，频繁的重规划势必会给 DTE-SDN 控制器中的计算单元带来额外负担。为了测试实时调度策略的执行复杂度，基于 ER[12]拓扑（节点数：10～100 个）测试算法 4.2 的执行效率。每个生成的 ER 拓扑的两个不同节点间存在链路的概率为 $\dfrac{\lg|V|}{|V|}$，每条链路的链路时延在 20～100 单元服从均匀分布，且每条链路的最大带宽能力在 10～20 单元服从均匀分布。基于此，在每个生成的 ER 拓扑选择 2|V|对源端和目的端节点，并进行数据传输调度（数据量为 10～100 单元）。实验算法都采用 Python 进行编写，并利用 Networkx[13]开源库生成 ER 拓扑，Pulp[14]解决算法中的线性规划问题。此外，实验运行平台如表 4.2 所示。如图 4.16 所示，当 $\mu$ 被分别设置为 10、20 和 50 时，比较算法 4.2 的平均执行时间。很明显，随着 $\mu$ 减小，算法 4.2 需要更多运行时间以计算流量规划的最优解，但从整体上看，算法 4.2 的运行时间都在可接受的范围内，可以部署在 DTE-SDN 的流量规划模块。

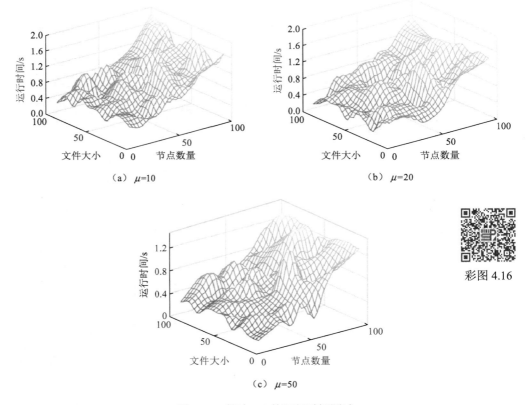

彩图 4.16

图 4.16　算法 4.2 的运行时间测试

**表 4.2　实验运行平台**

| CPU | 内存 | 硬盘 |
| --- | --- | --- |
| Intel(R) Core i7-4710MQ | 16GB | samsung 840 series SSD(256GB) |

## 本 章 小 结

　　本章基于软件定义网络架构，提出时延敏感传输调度引擎 DTE-SDN，旨在为基于 UDP 的大规模数据提供实时传输规划调度服务，以实现面向工业互联网实时数据传输的时延管理功能。DTE-SDN 利用 SDN 技术，采用 Open Flow 开放式南向接口协议，可以为基于 SDN 技术的网络提供实时监控服务，还可以计算网络中每条链路的 QoS 参数（包含链路吞吐量和链路时延），以供流量传输规划模块动态地计算数据传输的最优规划。DTE-SDN 可以在一定误差范围内测量网络中每条链路的吞吐量和链路时延，并可以有效地动态调度规划 UDP 数据的传输调度并实现多径路由。DTE-SDN 旨在为工业互联网中面向实时数据传输规划调度平台提供一种设计思路。

## 参 考 文 献

[1]　ZHAO H, XU Y, SU W J. Analysis of short-term and long-term forecast of weighted internet traveling diameter[J]. Journal of Computer Research and Development, 2006, 43(6): 1027-1035.

[2]　刘晓, 赵海, 王进法. 互联网宏观拓扑结构的耗散性分析[J]. 东北大学学报: 自然科学版, 2015, 36(9): 1237-1241.

[3]　CAIDA Macroscopic. http://www.caida.org/projects/macroscopic//.

[4]　Ryu. http://ryu.readthedocs.io/en/latest/.

[5]　LIN C, BI Y, ZHAO H. Scheduling algorithms for time-constrained big-file transfers in the Internet of vehicles[J]. Journal of Communications and Information Networks, 2017, 2(2): 126-137.

[6]　IQBAL F, KUIPERS F. On centrality-related disaster vulnerability of network regions[C]// 2017 9th International Workshop on Resilient Networks Design and Modeling (RNDM). Alghero: IEEE, 2017: 1-6.

[7]　ZHANG W, TANG J, WANG C. Reliable adaptive multipath provisioning with bandwidth and differential delay constraints[C]// 2010 Proceedings IEEE INFOCOM. San Diego: IEEE, 2010: 1-9.

[8]　Mininet. http://mininet.org/download/.

[9]　GUERIN R A, ORDA A, WILLIAMS D. QoS routing mechanisms and OSPF extensions[C]// GLOBECOM 97. IEEE Global Telecommunications Conference. Conference Record. Phoenix: IEEE, 1997, 3: 1903-1908.

[10]　GAO J, ZHAO Q, SWAMI A. The thinnest path problem[J]. IEEE/ACM Transactions on Networking, 2015, 23(4): 1176-1189.

[11]　CHEN J, CHAN S H G, LI V O K. Multipath routing for video delivery over bandwidth-limited networks[J]. IEEE Journal on Selected Areas in Communications, 2004, 22(10): 1920-1932.

[12]　ERDOS P, RÉNYI A. On the evolution of random graphs[J]. Publications Mathématiques, 1960, 5(1): 17-60.

[13]　Networkx. https://networkx.github.io/.

[14]　Pulp. http://www.coin − or.org/PuLP/index.html.

# 第5章 面向工业互联网多业务时延敏感性
# 数据流传输调度

随着信息技术的飞速发展，海量小型化、智能化、集成化的数据感知设备（如移动终端、工业控制系统、智能家居系统、智能安全系统、智能视频监控系统等）通过先进的无线或有线通信技术接入互联网，并利用云计算技术实现数据的智能存储，计算与共享[1-4]。这些智能数据感知设备从物理世界采集数据，并将其传递到相应的互联网计算控制单元，以实现智能服务。然而，爆发性增长的设备势必产生大量大数据文件，以支持日益增长的用户和数据存储服务，给数据传输、计算和分析设备带来了巨大挑战。此外，不同数据感知设备采集的数据不同，不同数据对应的应用业务不同，且从时间维度上看，不同应用业务的响应时间阈值要求也不同[5-8]。

在图 5.1 所示工业互联网云计算场景中，可以将网络中的数据流按照时延要求等级（不同等级，时延约束要求不同）划分为 3 种。例如，同比数据备份数据流，交通监控数据流对时延有更高的要求；同比工业监测数据流，健康监测数据流对时延有更高的要求。然而，在数据传输过程中，很多业务数据流在同一时刻要共享同一网络且对时延有相同的阈值要求。如在图 5.1 所示场景中，每个等级的业务对网络传输时延有同样的要求。这就要求数据传输调度算法要合理地为不同业务数据传输分配合适的资源以满足QoS 需求。基于此，本章提出面向互联网多业务时延约束数据传输调度问题，并证明该问题的复杂性。采用两种方式（静态调度、动态调度）解决该问题并提出相关算法，并通过对比分析每种算法的性能及适用场景，旨在为不同环境、不同应用场景、不同要求下提供可适用方案。

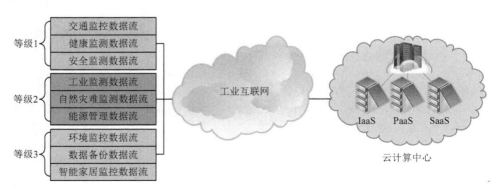

图 5.1 工业互联网云计算场景

# 5.1　网　络　架　构

## 5.1.1　多业务数据同步传输模型

设某一提供多业务数据同步传输服务网络的拓扑结构图为 $G(V,E)$（$V$ 为节点集，$E$ 为边集），并且网络中的每一个边 $e \in E$ 的最大可用带宽为 $b(e) > 0$，最大链路时延为 $d(e) \geqslant 0$（$b(e)$，$d(e)$ 为整数）。在某一时刻，为满足多个数据流的网络计算业务，同时有 $j$（$j = 1, 2, \cdots, m$）个最高优先级业务需要传输数据通过网络 $G$ 从目的端 $s^j$ 传递到相应的服务器端 $t^j$。假如 $p^j$ 为针对业务 $j$ 可用的一条 $s^j - t^j$ 路径，那么，$p^j$ 可用的最大带宽 $b(p^j)$ 可用式（4.1）计算，且路径 $p^j$ 的路径时延 $d(p^j)$ 可由式（4.2）计算。

在网络 $G$ 中，每一个数据传输业务 $j$ 都有一个可用的包含 $k$ 条 $s^j - t^j$ 路径的候选集 $P^j$，并且分别传递大小为 $\sigma^j$ 单元的数据。也就是说，如果 $p^{j(i)} \in P^j$ 被用来规划业务 $j$ 的传输，那么路径 $p^{j(i)}$ 会消耗一部分带宽 $f(p^{j(i)}) \leqslant b(p^{j(i)})$ 去传输一部分业务 $j$ 的大小为 $\sigma^{j(i)} i \in [1, k]$ 的数据 $\left( \sum_{i \in [1,k]} \sigma^{j(i)} = \sigma^j \right)$。因此，在路径 $p^{j(i)}$ 上，传递大小为 $\sigma^{j(i)}$ 单元数据的业务 $j$，需要时间 $T(p^{j(i)}, f(p^{j(i)}), \sigma^{j(i)})$ 可由式（4.3）计算。那么，通过每一条 $s^j - t^j$ 路径 $p^{j(i)} \in P^j$，传输业务 $j$ 的数据一共需要时间 $T(P^j, f(P^j), \sigma^j)$ 由式（4.4）计算，那么规划传输所有业务 $j = 1, 2, \cdots, m$ 的数据，共需要时间为

$$T_{\text{total}} = \max\{T(p^1, f(p^1), \sigma^1), T(p^2, f(p^2), \sigma^2), \cdots, T(p^m, f(p^m), \sigma^m)\} \quad (5.1)$$

此外，本章用到的一些重要符号及其意义如表 5.1 所示。

表 5.1　重要符号及其意义

| 符号 | 意义描述 |
|---|---|
| $r_{\tau^x}^{j(i)}$ | 业务 $j$ 在 $\tau^x$ 时间段内，在路径 $p^{j(i)}$ 上产生的剩余流 |
| $r_{\tau^x}^{j(i)}$ | 业务 $j$ 在 $\tau^x$ 时间段内，在路径 $p^{j(i)}$ 上计划传输的数据大小 |
| $u_{\tau^x}^{j(i)}$ | 业务 $j$ 在 $\tau^x$ 时间段内，在路径 $p^{j(i)}$ 上上传的数据量大小 |
| $w_{\tau^x}^j$ | 在 $\tau^x$ 时间段后，还没有接收到业务 $j$ 的数据量 |
| $H(p^{j(i)}) = (h_{x,y}^{j(i)})_{n \times n}$ | 路径 $p^{j(i)}$ 上的剩余流辅助计算矩阵，其中 $h_{x,x}^{j(i)}$ 代表 $r_{\tau^x}^{j(i)}$ 的数量，$(h_{x,y}^{j(i)})$（$y > x$）代表在时间 $\sum_{z \in [x+1, y]} \tau^z$ 后，$r_{\tau^x}^{j(i)}$ 的剩余数量 |

## 5.1.2　问题描述

**定义 5.1**　多业务时延约束传输调度（multi-service delay-constrained transfer scheduling，MDTS）　在网络 $G$ 中的某一时刻，为同时保证 $m$ 个数据流的计算实时性，需要在时间 $\tau$ 内，同时分别从 $s^j$ 到 $t^j$ 规划 $m$ 个业务的数据传输（$j = 1, 2, \cdots, m$），且每个业务的数据大小为 $\sigma^j$。MDTS 问题旨在网络 $G$ 中，为每个业务 $j$ 的传输找到一组 $s^j - t^j$ 路径集 $P^j$、一组流规划和数据分发策略，直到满足 $T_{\text{total}} \leqslant \tau$。与单业务数据传输规划不同（如文献[9]和[10]提出的问题），MDTS 问题旨在一定时间段 $\tau$ 内，完成多个业务的传输规划。

也就是说，在网络传输中，多个业务的数据同步传输任务同时会共享网络中的某些关键链路。如图 5.2 所示网络共有 6 个节点和 7 条边，每条边旁的边权为相关的链路最大带宽和链路时延。

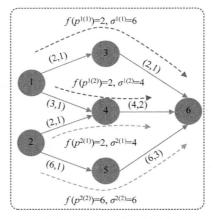

图 5.2　MDTS 问题示例

在时间 $\tau = 5$ 单元内，分别从节点 $s^1 = 1$ 到节点 $t^1 = 1$，节点 $s^2 = 2$ 到节点 $t^2 = 6$ 规划业务 $j = 1$（数据量为 $\sigma^1 = 10$ 单元）和业务 $j = 2$（数据量为 $\sigma^2 = 10$ 单元）的数据传输。业务 $j = 1$ 和业务 $j = 2$ 的路径候选集分别为 $P^1 = \{p^{1(1)} = <1,3,6>; p^{1(2)} = <1,4,6>\}$ 和 $P^2 = \{p^{2(1)} = <2,4,6>; p^{2(2)} = <2,5,6>\}$，且共享链路 $(4,6)$。图 5.2 所示 MDTS 问题可以解决，当且仅当每个业务传输的候选路径集的传输路径都被用来规划业务的数据传输，并且路径 $p^{1(2)}$ 和 $p^{2(1)}$ 平分链路 $(4,6)$ 的带宽（即 $f(p^{1(2)}) = f(p^{2(1)}) = 2$），这样业务 $j = 1$ 和 $j = 2$ 可以在 $T_{\text{total}} = 5$ 单元时间内完成传输规划。因此，图 5.2 示例的 MDTS 问题解决方案如下：

- 以 $f(p^{1(1)}) = 2$ 单元带宽在路径 $p^{1(1)}$ 上传输 $\sigma^{1(1)} = 6$ 单元数据量的业务 $j = 1$；
- 以 $f(p^{1(2)}) = 2$ 单元带宽在路径 $p^{1(2)}$ 上传输 $\sigma^{1(2)} = 4$ 单元数据量的业务 $j = 1$；
- 以 $f(p^{2(1)}) = 2$ 单元带宽在路径 $p^{2(1)}$ 上传输 $\sigma^{2(1)} = 4$ 单元数据量的业务 $j = 2$；
- 以 $f(p^{2(2)}) = 6$ 单元带宽在路径 $p^{2(2)}$ 上传输 $\sigma^{2(2)} = 6$ 单元数据量的业务 $j = 2$。

此外，与多径路由问题相比，MDTS 问题更加复杂：基于多径路由技术，为每个业务 $j$ 的数据传输规划选择一组合适的端到端路径；多业务数据同步传输要在一定时间范围内完成。综上，MDTS 问题也是 NP-hard 问题。接下来分别提出基于静态和动态调度策略的算法，旨在从不同角度解决 MDTS 问题。

## 5.2　静态调度策略

最大流和最大多目标流问题[11]指在给定网络中计算业务(端到端)流量的最大聚合可用带宽，然而 MDTS 问题旨在一个未知网络中，为多个数据传输业务选择合适路径集，在一个固定时间范围内，保证多个业务的数据传输规划。在图 5.2 所示示例中，最大多目标网络流为 12。由于业务 $j = 1$ 的路径 $p^{1(2)}$ 和业务 $j = 2$ 的路径 $p^{2(1)}$ 竞争链路 $(4,6)$ 的带宽资源，因此，最大多目标网络流受链路(4,6)的流量分配影响。例如，如果按照图 5.2 所示数据和流量分配方案，MDTS 问题可以通过解决相关的最大多目标网络流问题解决。然而，还有一种最大多目标网络流相关的流量分配方案。当业务 $j=1$ 的路径 $p^{1(2)}$ 分配流量 $f(p^{1(2)})=1$，业务 $j=2$ 的路径 $p^{2(1)}$ 分配流量 $f(p^{2(1)})=3$ 时，最大多目标网络流也是 12。然而，无论怎样分发业务 $j=1$，$j=2$ 的传输数据到每个路径上，该示例中的 MDTS 问题都无法解决，也就是说，无法同时在时间 $\tau=5$ 单元内完成业务 $j=1$ 和业务 $j=2$ 的数据传输规划。因此，最大流和最大多目标流问题无法用来解决 MDTS 问题。本章接下来展示如何用动态流问题解决 MDTS 问题，并提出静态调度算法。

### 5.2.1　基于网络动态流的静态调度算法

#### 1. 基于最大网络动态流的启发式算法(MDTS-R)

第 4.3.1 节所阐述的最大网络动态流（MFT）问题，即计算单一业务传输规划，在时间 $\tau$ 内，从源端 $s$ 到目的端 $t$ 可以传输的最大数据量。因此，针对业务 $j$ 的数据传输，其相关的路径集 $P^j$ 可以用来解决 MDTS 问题，当且仅当每一个业务的相关最大网络动态流问题都可以解决，即 $\mathrm{MFT}(\tau,P^j) \geqslant \sigma$，$j=1,2,\cdots,m$。基于最大网络动态流，首先提出静态调度算法 MDTS-R 算法（如算法 5.1 所示）去解决 MDTS 问题。

| | |
|---|---|
| **输入：** $(G,s^j,t^j)$，$j=1,2,\cdots,m$ | |
| **输出：** MDTS 调度问题的解决方案 | |
| 1 | for　业务 $j=1,2,\cdots,m$ do |
| 2 | 　　　$k \leftarrow 1$; |
| 3 | 　　　为业务 $j$ 的传输规划计算第 $k$ 条最短路径 $p^{j(k)}$; |
| 4 | 　　　if $p^{j(k)}$ 存在，$k < k_{\max}$，并且 $d(p^{j(k)}) < \tau$ then |
| 5 | 　　　　　把路径 $p^{j(k)}$ 加入路径集 $P^j$; |
| 6 | 　　　　　if $\mathrm{MFT}(\tau,P^j) < \sigma^j$　then |
| 7 | 　　　　　　$k \leftarrow k+1$; |
| 8 | 　　　　　　Goto　执行第 3 行; |
| 9 | 　　　　　end |
| 10 | 　　　　$\overline{\tau^j} = \left\lceil \dfrac{\sum\limits_{\forall(u^j,v^j)\in P^j} d(u^j,v^j)\cdot f(u^j,v^j)+\sigma^j}{f(P^j)} \right\rceil$; |
| 11 | 　　　　for　$p^{j(i)} \in P^j$　do |
| 12 | 　　　　　$f(p^{j(i)}) \leftarrow \min_{(u^j,v^j)\in p^{j(i)}} f(u^j,v^j)$; |
| 13 | 　　　　　for 链路 $(u^j,v^j) \in p^{j(i)}$　do |
| 14 | 　　　　　　$f(u^j,v^j) \leftarrow f(u^j,v^j) - f(p^{j(i)})$; |
| 15 | 　　　　　end |
| 16 | 　　　　end |
| 17 | 　　　　通过计算 $\sigma^{j(i)}$ 整数组合满足 |

$$\sum_{i\in[1,k]} \sigma^{j(i)} = \sigma^j, \quad 0 < \sigma^{j(i)} \leqslant (\overline{\tau^j} - d(p^{j(i)})) \cdot f(p^{j(i)}), \quad \text{计算数据分发方案;}$$

| 18 | 　　　　　　为其他业务数据传输规划计算网络的剩余资源; |
| 19 | 　　　else |
| 20 | 　　　　　　MDTS 问题不可解,return false |
| 21 | 　　　end |
| 22 | end |
| 23 | return 业务 $j$ 的路径集 $P^j$ 和相关流 $f^j$,还有数据分发方案, $j = 1,2,\cdots,m$; |

算法 5.1　MDTS-R 算法

MDTS-R 算法通过逐个解决与业务 $j$ 相关的单业务约束数据传输调度问题,继而解决 MDTS 问题。MDTS-R 算法详细如下:算法第 3 行计算业务 $j$ 的第 $k$ 条最短路径 $p^{j(k)}$,并放入路径集 $P^j$ 中;算法第 4 行用来判断路径 $p^{j(k)}$ 的合理性。由式(4.3)和证明 4.2 可知,当 $p^{j(k)}$ 的路径时延满足 $d(p^{j(k)}) < \tau$ 时, $p^{j(k)}$ 可用来规划业务 $j$ 的数据传输(即 $T(p^{j(i)}, f(p^{j(i)}), \sigma^{j(i)}) \leqslant \tau$ )。算法第 6 行通过判断当前路径集 $P^j$ 所相关的最大网络动态流问题是否可解,判断业务 $j$ 的单业务时延约束传输调度问题是否可解,继而判断业务 $j$ 是否还需要其他路径以满足其传输调度。算法第 10 行计算业务 $j$ 基于路径集 $P^j$ 所需要的最小传输时间 $\overline{\tau^j}$ (证明 5.1)。算法 11~16 行用来计算路径流量(带宽),算法 17~23 行计算数据分发策略和为其他业务传输调度计算网络的剩余传输能力。

**证明 5.1**　由 MFT 表达式(4.9)可知,以启发式的方式为业务 $j$ 计算网络中的路径直到路径集满足 MFT $(\tau, P^j) > \sigma^j$,此时各路径集上各链路分配的带宽为满足 MFT $(\overline{\tau}, P^j) > \sigma^j$ 时所分配带宽。因此,根据式(4.9)可以计算出,基于当前各链路的分配流传输一定量的数据所需要的最小时间。

**2. MDTS-R 算法执行实例**

为了解释 MDTS-R 算法的执行过程,采用 MDTS-R 算法解决图 5.3 所示 MDTS 问题(除链路(2,5), (5,5)的边权外,其他设置与图 5.2 所示示例相同)。首先执行算法解决业务 $j = 1$ 的数据传输调度:重复执行算法 3~8 行直到 $P^1 = \{p^{1(1)} = <1,3,6>; p^{1(2)} = <1,4,6>\}$,业务 $j = 2$ 的分配流和数据分发策略如图 5.3(a)所示。之后,如图 5.3(b)红色字体标识执行算

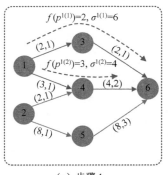

（a）步骤 1

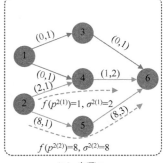

（b）步骤 2

彩图 5.3

图 5.3　MDTS-R 算法解决 MDTS 问题示例

法第 18 行计算网络的剩余传输能力。算法接着重复执行 2～15 行计算业务 $j=2$ 的数据传输调度：此次，业务 $j=2$ 在图 5.3（b）所示流量分配和数据分发下，可以通过路径集 $P^2 = \{p^{2(1)} = <2,4,6>; p^{2(2)} = <2,5,6>\}$ 在 $\tau=5$ 单元时间内完成传输规划。至此，图 5.3 所示 MDTS 问题得以解决。

### 5.2.2 基于网络最大限制动态流的静态调度算法

MDTS-R 算法采用逐个判断解决单业务时延约束传输调度问题的思想，以此解决 MDTS 问题。本章提出另一种从整体优化的思想解决 MDTS 问题。此外，基于网络最大动态流思想，提出"网络最大限制动态流"问题。该问题可用线性规划表达式求解，并可以从整体上判断当前迭代状态下，所有业务数据传输的路径集可用性。

#### 1. 网络最大限制动态流

**定义 5.2** 网络最大限制动态流（maximum constrained flow over time，MCFT） 在一个有向网络 $G(V,E)$ 中，网络中的每一个边 $e \in E$ 的最大可用带宽为 $b(e)>0$，最大链路时延为 $d(e) \geqslant 0$（$b(e)$，$d(e)$ 为整数），网络中有 $m$ 个业务流，MCFT 问题旨在保证在 $\tau$ 时间内，每个业务流的数据都可以完成传输时，从每个源端 $s^j$ 到目的端 $t^j$ 可以传输的最大数据量之和。

文献［12］和［13］提出一种 $\tau$-length-bounded 静态流，该静态流基于每一个业务的 $\tau$-length-bounded 路径集，可将 MDTS 问题转换为相关的静态流问题。$\tau$-length-bounded 路径集保证在 $\tau$ 时间范围内，目的端可以从每个路径获得业务数据。$\tau$-length-bounded 路径集计算如下：

$$P_\tau^j = \{p^{j(i)} \in P^j \mid d(p^{j(i)}) < \tau\} \tag{5.2}$$

基于 $\tau$-length-bounded 路径集，提出的 MCFT 可用如下线性规划表达式表达：

$$\max \sum_j \left[ \tau \cdot f(P_\tau^j) - \sum_{(u^j,v^j) \in P_\tau^j} d(u^j,v^j) f(u^j,v^j) \right] \tag{5.3}$$

$$\text{s.t.} \begin{cases} \sum_{(s^j,v^j) \in P_\tau^j} f(s^j,v^j) = \sum_{(u^j,t^j) \in P_\tau^j} f(s^j,v^j) = f(P_\tau^j) & (5.4) \\ \sum_{(u^j,v^j) \in P_\tau^j} f(u^j,v^j) = \sum_{(v^j,z^j) \in P_\tau^j} f(v^j,z^j), \forall (u^j,v^j),(v^j,z^j) \in P^j & (5.5) \\ 0 \leqslant \sum_j f(u^j,v^j) \leqslant b(u,v),(u,v) \in E & (5.6) \\ \tau \cdot f(P_\tau^j) - \sum_{(u^j,v^j) \in P_\tau^j} d(u^j,v^j) \cdot f(u^j,v^j) \geqslant \sigma^j & (5.7) \\ j=1,2,\cdots,m & (5.8) \end{cases}$$

其中，目标优化函数为式（5.3）；式（5.4）保证源端和目的端的聚合流守恒；式（5.5）保证中间节点的流守恒；式（5.6）保证每个链路可供多业务流分配的资源不超过该链路的最大可用带宽；式（5.7）保证在 $\tau$ 时间内，每个业务流都可以完成传输。

由此可见，目标函数在保证每个业务流在时间 $\tau$ 内都可以完成传输的同时，从整体上优化网络的吞吐量。

下面提出一种基于解决 MCFT 问题的启发式算法 MDTS-P，旨在提供另外一种静态调度方案解决 MDTS 问题。

**2. 基于网络最大限制动态流的启发式算法(MDTS-P)**

如算法 5.2 所示，与 MDTS-R 算法不同，MDTS-P 算法在每一次轮询过程中，同时分别为每一个业务流截取一个合适的路径（第 $k$ 条最短路径），直到一个相关的 MCFT 问题可解。基于此，MDTS-P 算法采用与 MDTS-R 算法相同的计算方法为路径分配带宽和分发数据。

---

输入：$(G, s^j, t^j)$，$j = 1, 2, \cdots, m$

输出：MDTS 调度问题的解决方案

1  $k \leftarrow k+1$；

2　分别为业务 $j = 1, 2, \cdots, m$ 计算第 $k$ 条最短路径 $p^{j(k)}$，并且把 $p^{j(k)}$ 放到路径集 $P_\tau^j$，如果 $d(p^{j(k)}) < \tau$；

3 **if** 当前多业务流的路径集无法求解相关的 MCFT 问题，并且 $k < k_{\max}$ **then**

4　　　$k \leftarrow k+1$；

5　　　Goto 执行第二行程序；

6　　　求解当前多业务流路径集相关的 MCFT 问题；

7　　　计算每个业务传输所需要的最小时间 $\overline{\tau}^j = \left\lceil \dfrac{\displaystyle\sum_{\forall(u^j,v^j)\in P_\tau^j} d(u^j, v^j)\cdot f(u^j, v^j) + \sigma^j}{f(P_\tau^j)} \right\rceil$，$j = 1, 2, \cdots, m$；

8　　　**for** $p^{j(i)} \in P^j$，$j = 1, 2, \cdots, m$ **do**

9　　　　　$f(p^{j(i)}) \leftarrow \min_{(u^j,v^j)\in p^{j(i)}} f(u^j, v^j)$；

10　　　　　**for** 链路 $(u^j, v^j) \in p^{j(i)}$，$i = 1, 2, \cdots, k$ **do**

11　　　　　　　$f(u^j, v^j) \leftarrow f(u^j, v^j) - f(p^{j(i)})$；

12　　　　　**end**

13　　　**end**

14　　　分别为业务 $j = 1, 2, \cdots, m$ 计算数据分发方案：通过计算 $\sigma^{j(i)}$ 整数组合满足 $\displaystyle\sum_{i\in[1,k]} \sigma^{j(i)} = \sigma^j$，$0 < \sigma^{j(i)} \leqslant (\overline{\tau}^j - d(p^{j(i)}))\cdot f(p^{j(i)})$，计算数据分发方案；

15　　　**return** 业务 $j = 1, 2, \cdots, m$ 的路径集 $P_\tau^j$ 和相关流 $f^j$，还有数据分发方案；

16　**else**

17　　　MCFT 问题不可解，**return** false；

18 **end**

---

算法 5.2　MDTS-P 算法

**3. MDTS-P 算法执行实例**

这里采用 MDTS-P 算法解决图 5.4 所示的 MDTS 问题示例，以此解释 MDTS-P 算法的执行过程。首先 MDTS-P 算法分别为业务 $j = 1$ 和业务 $j = 2$ 计算第 $k = 1$ 条最短路径（$P^1 = \{p^{1(1)} = <1, 3, 6>\}$，$P^2 = \{p^{2(1)} = <2, 4, 6>\}$）。通过执行算法第 3 行，如图 5.4（a）

所示，即使 $p^{1(1)}$、$p^{2(1)}$ 采用最大带宽传输相应的数据，现阶段，基于 $P^1$、$P^2$ 路径集的 MCFT 问题依然不可解。因此，算法接着重复执行第 2 行为业务 $j=1$ 和 $j=2$ 计算第 $k=2$ 条最短路径（$P^1=\{p^{1(1)}=<1,3,6>, p^{1(2)}=<1,4,6>\}$，$P^2=\{p^{2(1)}=<2,4,6>$，$p^{2(2)}=<2,5,6>\}$）。至此，MCFT 问题可解，换言之，MDTS 问题亦可解。图 5.4（b）所示为相关的路径流分配和数据分发方案。

此外，值得注意的是，MDTS-R 算法无法解决图 5.2 或图 5.4 所示示例，而 MDTS-P 算法可以解决图 5.3 所示示例，因为 MDTS-P 算法在保证每个业务数据传输的同时，从整体上优化网络多业务数据传输的最大吞吐量。第 5.4 节将详细阐述 MDTS-R 和 MDTS-P 算法的特征和性能。

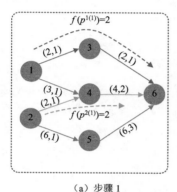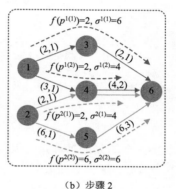

彩图 5.4

　　　　（a）步骤 1　　　　　　　　　　　（b）步骤 2

图 5.4　MDTS-P 算法解决 MDTS 问题示例

# 5.3　动态调度策略

第 5.2 节提出两种解决 MDTS 问题的静态调度算法：MDTS-R 和 MDTS-P。然而，MDTS-R 算法和 MDTS-P 算法只能静态地调度网络多业务数据传输，即只为每个业务数据传输分配一次带宽和制定一次数据分发方案。该类静态调度算法有时候无法充分利用网络资源，致使网络资源浪费。例如，在图 5.2 或图 5.4 所示示例中，当 $\sigma^1=27$，$\sigma^2=7$ 时，在不考虑时延限制的前提下，采用 MCFT 为各链路分配带宽，各路径的带宽分配方案仍如图 5.4（b）所示。在该方案下，业务 $j=2$ 的数据传输规划在单元时间 $\tau=5$ 内，即可完成传输。然而此时，业务 $j=1$ 的数据还没有完全上传到各相关路径上，且网络资源（链路(4,6)）始终被目标 $j=2$ 的数据传输所占有，致使链路(4,6)的资源被浪费。针对 MDTS-P 从整体上优化网络多业务数据传输的优势和静态调度存在的弊端，接下来提出一种动态调度方案，旨在充分利用网络资源，提高解决 MDTS 问题的解决效率。

在详细阐述动态调度方案之前，其相关的"剩余流"问题需要解决。

## 5.3.1　网络中的剩余流量

假设多业务数据流分别在时间段 $\tau^x$ $(x=1,2,\cdots,m)$ 之后被重新规划（不同时间段内，不同路径为不同业务分配带宽不同），在时间 $\tau^x$ 内，业务 $j$ 在第 $k$ 条路径上的剩余流 $r_{\tau^x}^{j(k)}$

为在时间段 $\tau^x$ 内上传到路径 $p^{j(k)}$，但还没有抵达到目的端 $t^j$ 的数据。如图 5.5 所示，业务 $j$ 的数据在路径 $p^{j(1)}$ 上一共有 $(x-1)$ 种剩余流。其中，$r_{\tau^1}^{j(1)}$ 为在 $\tau^1$ 时间段内，业务 $j$ 在路径 $p^{j(1)}$ 上产生的剩余流；$r_{\tau^{x-1}}^{j(1)}$ 为在 $\tau^{x-1}$ 时间段内，业务 $j$ 在路径 $p^{j(1)}$ 上产生的剩余流。此外，如果 $x>y$，$r_{\tau^x}^{j(1)}$ 为产生在 $r_{\tau^y}^{j(1)}$ 之后的业务 $j$ 的剩余流。

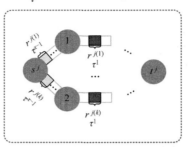

彩图 5.5

图 5.5　网络中的剩余流量

**定义 5.3**　剩余流（residual-flow，RF）　在网络多业务数据传输场景中，多业务数据流分别在 $\tau^x$ 时间后重新规划（为了重新分配网络资源）。针对业务 $j$ 的数据传输，在路径 $p^{j(i)}\in P^j$ 上的不同时段 $\tau^x$，产生不同种类的剩余流 $r_{\tau^x}^{j(i)}$。RF 问题旨在计算路径 $p^{j(i)}\in P^j$ 上剩余流 $r_{\tau^x}^{j(i)}$ 的数据量，剩余流 $r_{\tau^x}^{j(i)}$（$z\in[1,x-1]$）在 $\tau^x$ 之后的剩余量，及当考虑网络中的剩余流时，每个未完成数据传输的业务 $j$ 在当前流量规划情况下，还需要的传输时间。

下面证明动态调度策略需要解决 RF 问题。

### 5.3.2　基于最大多目标网络动态流的动态调度

假如每个业务数据传输都已经获得了可用的路径集 $P^j$（$j=1,2,\cdots,m$），如图 5.6 所示，动态调度策略可简述如下。

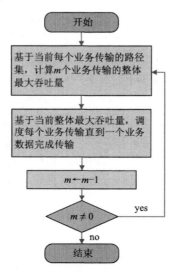

图 5.6　动态调度策略

（1）从整体上，以保证一定时间范围内，多业务数据流的整体吞吐量最大化为目的，为每个业务数据传输分配带宽。

（2）当一个业务完成数据传输时，取消完成业务的带宽资源，为网络中未完成传输规划的业务重新分配带宽。

因此，当一个业务完成相关数据传输规划时，其他未完成传输的业务在重新规划其网络流时，都要考虑网络中的 RF 问题。

### 1. 最大多目标网络动态流

MFT 问题旨在计算单业务传输调度时，网络在一定时间范围内，可提供的最大吞吐量。动态调度策略采用最大多目标网络动态流（maximum multi-commodity flow over time，MMFT），从整体上优化网络多业务流量。文献[12]和[13]指出，基于 $\tau$ -length-bounded 路径集，MMFT 也可以用线性规划表达式表述。那么，在时间 $\tau$ 内，网络 $G$ 中基于 $P_\tau^j$（$j=1,2,\cdots,m$）的最大多目标网络动态流（$\text{MMFT}_m$）的最小费用流 LP 表达式为

$$\min \sum_{(u^j,v^j)\in P_\tau^j} d(u^j,v^j)\cdot f_\tau(u^j,v^j)-\tau\cdot\sum f_\tau(P_\tau^j) \qquad (5.9)$$

$$\text{s.t.}\begin{cases} \sum_{(s^j,v^j)\in P_\tau^j} f_\tau(s^j,v^j)=\sum_{(u^j,t^j)\in P_\tau^j} f_\tau(u^j,t^j)=f_\tau(P_\tau^j) & (5.10)\\[2mm] \sum_{(u^j,v^j)\in P_\tau^j} f_\tau(u^j,v^j)=\sum_{(v^j,z^j)\in P_\tau^j} f_\tau(v^j,z^j) & (5.11)\\[2mm] 0\leqslant \sum_{j\in[1,m]} f_\tau(u^j,v^j)\leqslant b(u,v),(u,v)\in E & (5.12)\\[2mm] j=1,2,\cdots,m & (5.13)\end{cases}$$

其中，$f_\tau(u^j,v^j)$ 为业务 $j$ 在路径 $p^{j(i)}\in P_\tau^j$ 的链路 $(u^j,v^j)$ 上可分配的最大流，$f_\tau(P_\tau^j)$ 为在时间 $\tau$ 内，可为目标 $j$ 分配的最大聚合流。$\text{MMFT}_m$ 不仅从整体上计算在时间 $\tau$ 内，各业务目的端可接收相应业务数据的总和最大值，而且为每个业务计算最大可用带宽范围。换言之，如果一个与时间 $\tau$ 相关的 $\text{MMFT}_m$ 问题可解，$p^{j(i)}\in P_\tau^j$ 会被分配合适可用带宽，也就是说，业务 $j$ 的 $\tau$-length-bounded 路径集及相关可用带宽为业务 $j$ 的数据传输规划组成一个" $\tau$ 时间最大流网络" $G_\tau^{j-M}$。因此，针对每个业务数据传输 $j$，在时间 $\gamma\neq\tau$ 内，基于 $G_\tau^{j-M}$ 的 MFT 问题相关的最小费用流线性规划表达式可表述如下：

$$\min \sum_{(u^j,v^j)\in G_\tau^{j-M}} d(u^j,v^j)\cdot f_\gamma^*(u^j,v^j)-\gamma\cdot f_\gamma^*(G_\tau^{j-M}) \qquad (5.14)$$

$$\text{s.t.}\begin{cases} \sum_{(s^j,v^j)\in G_\tau^{j-M}} f_\gamma^*(s^j,v^j)=\sum_{(u^j,t^j)\in G_\tau^{j-M}} f_\gamma^*(u^j,t^j)=f_\gamma^*(G_\tau^{j-M}) & (5.15)\\[2mm] \sum_{(u^j,v^j)\in G_\tau^{j-M}} f_\gamma^*(u^j,v^j)=\sum_{(v^j,z^j)\in G_\tau^{j-M}} f_\gamma^*(v^j,z^j) & (5.16)\\[2mm] f_\gamma^*(u^j,v^j)\leqslant f_\tau(u^j,v^j),(u^j,v^j)\in P_\tau^j & (5.17)\end{cases}$$

其中，$f_\gamma^*(u^j,v^j)$ 是当保证某一最优化业务时，基于 $G_\tau^{j-M}$，链路 $(u^j,v^j)$ 为业务数据传输 $j$ 分配的实际带宽。因此，在时间 $\gamma$ 内，业务 $j$ 从 $s^j$ 到 $t^j$ 最多可传输的数据量为

$$M_\gamma(\gamma,G_\tau^{j-M})=\gamma\cdot f_\gamma^*(G_\tau^{j-M})-\sum_{(u^j,v^j)\in G_\tau^{j-M}} d(u^j,v^j)\cdot f_\gamma^*(u^j,v^j) \qquad (5.18)$$

　　动态调度策略核心在于：当多业务数据传输的路径集已获取时，逐次用 $\text{MMFT}_m$ 优化网络流量，计算每次优化到下次重新优化所需要的最小时间间隔 $\tau^x$，$x=1,2,\cdots,m$，即每个时间段，都有一个业务完成其数据传输规划。由于不同时间段，为每个未完成的业务传输在不同路径上分配的带宽不同，因此会采用不同 $G_{\tau^x}^{j-M}$ 和 $M_{\tau^x}(\tau^x, G_{\tau^x}^{j-M})$ 计算在 $\tau^x$ 时间段内，在每个目的端所能接收到的业务数据量（$j=1,2,\cdots,m$），即当一个业务传输在一个相关 $\text{MMFT}_m$ 优化下完成传输后，其他未完成数据传输规划的业务将会被一个新的 $\text{MMFT}_{m-1}$ 重新优化。

　　图 5.7 所示的多业务示例共包含两个业务：业务 $j=1$ 和业务 $j=2$。基于 $\text{MMFT}_2$ 优化多业务流量，业务 $j=2$ 在 $T(P^2, f(P^2), \sigma^2)=\tau^1$ 后完成传输。之后，基于 $\text{MMFT}_1$ 重新优化多业务流量，业务 $j=2$ 在 $T(P^1, f(P^1), \sigma^1)=\tau^1+\tau^2$ 后完成数据传输。至此，通过计算时间段 $\tau^1$ 和 $\tau^2$，图 5.7 所示的 MDTS 问题得以解决。

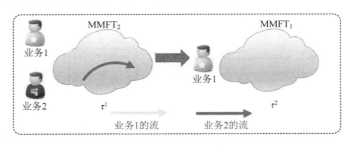

图 5.7　基于最大多目标网络动态流的动态调度

　　此外，在时间段 $\tau^x$ 内，未完成的传输规划业务 $j$ 会根据优化的流得到一个相关的 $\tau$ 时间最大流网络 $G_{\tau}^{j-M}$（包含 $M_{\tau^x}(\gamma^j, G_{\tau}^{j-M}) \geqslant \sigma^j$ 计算业务 $j$ 从 $s^j$ 到 $t^j$ 最多可传输的数据量）。基于 $G_{\tau}^{j-M}$，通过搜索算法（如二项搜索），可以计算出业务 $j$ 的剩余数据还需要完成传输规划的最小时间 $\overline{\gamma^j}$（本章将在下文详细阐述 $\overline{\gamma^j}$ 的计算方法）。

　　那么，$\tau^x$ 可以计算如下：假如多业务数据传输从时间 0 开始，从时间 $\sum_{z\in[1,x-1]}\tau^z$ 起，分别计算每个未完成数据传输的业务所需要完成传输规划的最小时间 $\overline{\gamma^j}$。这样，$\tau^x$ 可由式（5.19）计算。

$$\tau^x = \min\{\overline{\gamma^j}\}, j=1,2,\cdots,m \tag{5.19}$$

其中，业务 $j$ 为在时间 $\sum_{z\in[1,x-1]}\tau^z$ 后，还没有完成传输的业务。

　　计算 $\tau^1$ 非常简单，$\tau^1$ 可以通过计算 $\text{MMFT}_m$ 的最优解，以及计算每一个业务传输 $j$ 所需要的最短时间 $\overline{\gamma^j}$ 来优化多业务流，$j=1,2,\cdots,m$。然而，计算 $\tau^x$（$x>1$）非常复杂，因为在每个时间段 $\tau^x$，每个未完成数据传输规划的业务都会被分配不同的带宽。也就是说，在时间 $\tau^x$ 后，如果 $n$ 个业务完成传输，其余 $m-n$ 个业务会共享网络资源，会触发新的基于 $\text{MMFT}_{m-n}$ 问题的多业务流优化和新的公式 $M_{\tau^{x+1}}(\tau^{x+1}, G_{\tau^{x+1}}^{j-M})$ 去计算每个未完成数据传输的业务在目的端所能接收的最大数据量。此外，在计算 $\overline{\gamma^j}$ 时，RF 问题也需要被考虑，因为网络中的剩余流也是业务数据传输的一部分。接下来，将讨论 RF 问题。

**2. 基于辅助矩阵的网络剩余流量计算**

为了计算在时间间隔 $\tau^x (x=1,2,\cdots,m-1)$ 后，网络中未完成数据传输规划的业务的剩余流并且在实际实现过程中实现智能计算，采用"辅助矩阵"技术，分别为网络中每个未完成数据传输规划的业务的端到端路径设置辅助矩阵，以此追踪路径剩余流状态。此外，用二维矩阵 $\boldsymbol{H}(p^{j(i)}) = (h_{x,y}^{j(i)})_{\omega v}, i=1,2,\cdots,k$ 代表业务 $j$ 在路径 $p^{j(i)}$ 上的剩余流辅助矩阵，其中 $h_{x,y}^{j(i)}$ 表示业务 $j$ 在路径 $p^{j(i)}$ 上在时间段 $\tau^x$ 内产生的剩余流，当经过 $(\tau^y - \tau^x)$ 单元时间后的剩余量。

假如分别在时间间隔 $\tau^1, \tau^2, \cdots, \tau^{x-1}$ 后，业务 $j$ 在源端 $s^j$ 还没有完全把数据上传到传输路径上，并且在时间间隔 $\tau^x$ 后，业务 $j^* \neq j$ 完成了传输。由 MDTS-P 的第 14 行可知，在时间间隔 $\tau^{x-1}$ 后，业务 $j$ 的未上传数据的数据分发问题可转化为求解一组 $\sigma_{\tau^x}^{j(i)} (i=1,2,\cdots,k)$ 的整数组合，即满足

$$\sum_{i \in [1,k]} \sigma_{\tau^x}^{j(i)} = \omega_{\tau^{x-1}}^j - \sum_{i \in [1,k]} \sum_{z \in [1,x-1]} h_{z,x-1}^{j(i)} \qquad (5.20)$$

并且

$$0 < \sigma_{\tau^x}^{j(i)} \leqslant (\overline{\gamma^j} - d(p^{j(i)})) \cdot f_{\tau^x}^*(p^{j(i)}), i=1,2,\cdots,k \qquad (5.21)$$

因此，在时间间隔 $\tau^x$ 内，业务 $j$ 的数据传输规划在路径 $p^{j(i)}$ 上最多上传的数据数量为

$$\mu_{\tau^x}^{j(i)} = \min\{\sigma_{\tau^x}^{j(i)}, f_{\tau^x}^*(p^{j(i)}) \cdot \tau^x\} \qquad (5.22)$$

在时间间隔 $\tau^x$ 内，未完成数据传输规划的业务 $j$ 的目的端 $t^j$ 可以从 $p^{j(i)}$ 上接收到 $\tau^x$ 内上传的数据，当且仅当 $d(p^{j(i)}) < \tau^x$。因此，$t^j$ 从 $p^{j(i)}$ 上最多可以接收到的数据量可由式（5.23）计算。

$$F_{\tau^x}(\tau^x, p^{j(i)}) = \begin{cases} 0 & \tau^x \leqslant d(p^{j(i)}) \\ \min\{f_{\tau^x}^*(p^{j(i)}) \cdot (\tau^x - d(p^{j(i)})), u_{\tau^x}^{j(i)}\} & \tau^x > d(p^{j(i)}) \end{cases} \qquad (5.23)$$

如图 5.8 所示，时间 $\sum_{z \in [1,x-1]} \tau^z$ 之前（意味着在时间 $\sum_{z \in [1,x-1]} \tau^z$ 之前，$(x-1)$ 个业务完成相关数据传输规划），目的端 $t^j$ 从路径 $p^{j(i)}$ 上没有接收到业务 $j$ 的任何数据。

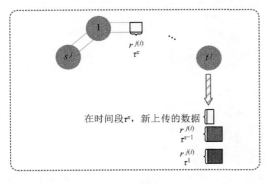 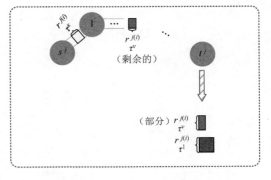

（a）场景 1　　　　　　　　　　　　　　　　　（b）场景 2

图 5.8　两种计算剩余流的场景

假如在下一个时间段 $\tau^x$ 内，业务 $j$ 的数据依然没有完全上传到相关路径上，针对业务 $j$ 在路径 $p^{j(i)}$ 上的剩余流，有如下两种场景。

彩图 5.8

1）剩余流计算场景 1

如图 5.8（a）所示场景 1，目的端 $t^j$ 从路径 $p^{j(i)} =< s^j,1,\cdots,t^j >$ 上接收到在时间段 $\tau^x$ 内上传的数据（换言之，$F_{\tau^x}(\tau^x, p^{j(i)}) > 0$）。此时，路径 $p^{j(i)}$ 的剩余流情况如下：

$$\begin{pmatrix} h_{1,1}^{j(i)} & \cdots & \cdots & h_{1,x-1}^{j(i)} & 0 \\ & h_{2,2}^{j(i)} & \cdots & h_{2,x-1}^{j(i)} & 0 \\ & & \ddots & \vdots & \vdots \\ & & & h_{x-1,x-1}^{j(i)} & 0 \\ & & & & h_{x,x}^{j(i)} \end{pmatrix} \tag{5.24}$$

其中，

$$h_{x,x}^{j(i)} = u_{\tau^x}^{j(i)} - F_{\tau^x}(\tau^x, p^{j(i)}) \tag{5.25}$$

$$h_{z,x}^{j(i)} = 0 (z = 1,2,\cdots,x-1) \tag{5.26}$$

**证明 5.2**　在图 5.8（a）所示的场景 1 中，$t^j$ 已经从 $p^{j(i)}$ 接收到在时间段 $\tau^x$ 内从 $s^j$ 上传的数据。此时，路径 $p^{j(i)}$ 上的剩余流 $r_{\tau^z}^{j(i)}(z = 1,2,\cdots,x-1)$ 都已经到达目的端 $t^j$，因为 $r_{\tau^z}^{j(i)}(z = 1,2,\cdots,x-1)$ 比 $r_{\tau^x}^{j(i)}$ 先被上传到传输路径中。也因此，$r_{\tau^z}^{j(i)}(z = 1,2,\cdots,x-1)$ 在路径 $p^{j(i)}$ 上的剩余量分别为 0。在图 5.8（a）中，因为已经接收到在时间段内上传的数据，所以可以通过式（5.25）计算。

2）剩余流计算场景 2

如图 5.8（b）所示场景 2，目的端 $t^j$ 从路径 $p^{j(i)} =< s^j,1,\cdots,t^j >$ 上没有接收到在时间段 $\tau^x$ 内上传的数据（换言之，$F_{\tau^x}(\tau^x, p^{j(i)}) = 0$），然而，接收到 $r_{\tau^z}^{j(i)}(z = 1,2,\cdots,v-1)$ 和部分 $r_{\tau^v}^{j(i)}$（$1 < v < x$）。因此，路径 $p^{j(i)}$ 的剩余流情况为

$$\begin{pmatrix} h_{1,1}^{j(i)} & \cdots & \cdots & \cdots & h_{1,x-1}^{j(i)} & 0 \\ & \ddots & \cdots & \cdots & \vdots & \vdots \\ & & h_{v,v}^{j(i)} & \cdots & h_{v,x-1}^{j(i)} & h_{v,x}^{j(i)} \\ & & & \ddots & \vdots & \vdots \\ & & & & h_{x-1,x-1}^{j(i)} & h_{x-1,x}^{j(i)} \\ & & & & & h_{x,x}^{j(i)} \end{pmatrix} \tag{5.27}$$

其中，

$$h_{x,x}^{j(i)} = u_{\tau^x}^{j(i)} \tag{5.28}$$

$$h_{v,x}^{j(i)} = u_{\tau^v}^{j(i)} - F_{\tau^v}\left(\sum_{z \in [v,x]} \tau^z, p^{j(i)}\right) \tag{5.29}$$

$$h_{z,x}^{j(i)} = 0 (z = 1,\cdots,v-1) \tag{5.30}$$

$$h_{z,x}^{j(i)} = h_{z,x-1}^{j(i)} (z = v+1,\cdots,x-1) \tag{5.31}$$

**证明 5.3**　如图 5.8（b）所示场景 2，路径 $p^{j(i)}$ 在 $\tau^x$ 上产生的剩余流大小 $h_{x,x}^{j(i)}$ 等于业务 $j$ 在 $\tau^x$ 内在路径 $p^{j(i)}$ 上上传的数据量 $u_{\tau^x}^{j(i)}$，即 $F_{\tau^x}(\tau^x, p^{j(i)}) = 0$，$\tau^x \leqslant d(p^{j(i)})$。如

图 5.8（b）所示，在规划传输 $\sum\limits_{z\in[v,x]}\tau^z$ 单元时间后，部分 $r_{\tau^v}^{j(i)}$ 通过路径 $p^{j(i)}$ 传输到目的端

$t^j$。由式（5.23）可知，在时间段 $\tau^x$ 内，$F_{\tau^v}\left(\sum\limits_{z\in[v,x]}\tau^z,p^{j(i)}\right)\left(u_{\tau^v}^{j(i)}>F_{\tau^v}\left(\sum\limits_{z\in[v,x]}\tau^z,p^{j(i)}\right)>0\right)$

单元数据且在 $\tau^x$ 内上传到路径 $p^{j(i)}$ 的业务 $j$ 的数据都已传送到目的端 $t^j$。也因此，剩余流 $r_{\tau^v}^{j(i)}$ 的剩余量为 $\left(u_{\tau^v}^{j(i)}-F_{\tau^v}\left(\sum\limits_{z\in[v,x]}\tau^z,p^{j(i)}\right)\right)$。由于剩余流 $r_{\tau^z}^{j(i)}(z=1,2,\cdots,v-1)$ 比剩余流 $r_{\tau^v}^{j(i)}$ 早上传到路径 $p^{j(i)}$ 上，因此 $r_{\tau^z}^{j(i)}(z=1,2,\cdots,v-1)$ 的剩余量分别为 0。此外，剩余流 $r_{\tau^z}^{j(i)}(z=v+1,\cdots,x-1)$ 在路径 $p^{j(i)}$ 上的数据量没有改变，因为 $r_{\tau^z}^{j(i)}(z=v+1,\cdots,x-1)$ 在 $r_{\tau^v}^{j(i)}$ 之后被上传到路径。

　　此外，在 $\tau^x$ 时间后，业务 $j$ 还没有完成传输规划的数据量为

$$w_{\tau^x}^j=w_{\tau^{x-1}}^j-\sum_{p^{j(i)^1}\in P_\tau^j}\left(\sum_{z\in[1,x-1]}h_{z,x-1}^{j(i)^1}+F_{\tau^x}(\tau^x,p^{j(i)^1})\right)-\sum_{p^{j(i)^2}\in P_\tau^j}\left(\sum_{z\in[1,v-1]}h_{z,x-1}^{j(i)^2}+(h_{v,x-1}^{j(i)^2}-h_{v,x}^{j(i)^2})\right)$$

（5.32）

其中，$p^{j(i)^1}$ 是剩余流计算符合如图 5.8（a）所示的 $s^j-t^j$ 路径；$p^{j(i)^2}$ 是剩余流计算符合如图 5.8（b）所示的 $s^j-t^j$ 路径。

　　这样，在传输 $\tau^x$ 时间后，业务 $j$ 的剩余流细节可以通过判断如图 5.8（a）或（b）所示的场景计算。

### 3. 最小切换时间间隔计算

　　在每次动态调度规划及重新优化阶段的过程中，为了精确计算 $\tau^x(x>1)$，针对业务传输 $j$，计算最小完成传输时间 $\overline{\gamma^j}$ 需要考虑在当前时段的剩余流情况。业务 $j$ 的最小完成传输时间 $\overline{\gamma^j}$ 也分为如图 5.9 所示的两种场景。

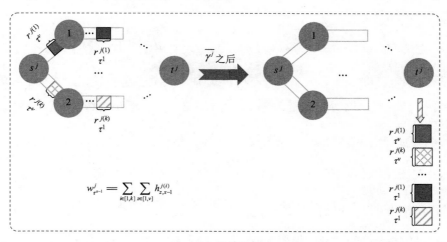

（a）场景 1

图 5.9　两种计算 $\overline{\gamma^j}$ 的场景

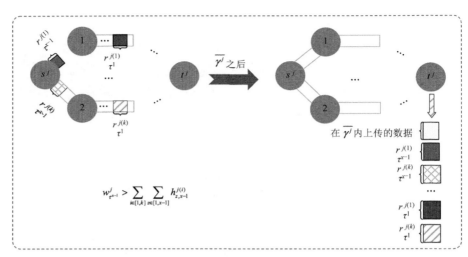

（b）场景 2

图 5.9（续）

假如分别在时间段 $\tau^z(z=1,2,\cdots,x-1)$ 后，针对业务传输 $j$ 的各路径，存在最多 $(x-1)$ 种分别产生在不同时间段 $\tau^z(z=1,2,\cdots,x-1)$ 的剩余流。如图 5.9（a）所示第 1 种场景，在路径 $p^{j(i)}(i=1,2,\cdots,k)$ 上存在 $\tau^v$ 时间段内产生的剩余流 $r_{\tau^v}^{j(i)}$，且各路径上的剩余流数据量满足 $w_{\tau^{x-1}}^j = \sum\limits_{i\in[1,k]} \sum\limits_{z\in[1,v]} h_{z,x-1}^{j(i)}$，即在时间 $\tau^v$ 内，业务 $j$ 相关的数据已全部上传到各路径中。那么，针对业务 $j$，其在此时尚需要完成传输的最小时间 $\overline{\gamma^j}$ 为

$$\overline{\gamma^j} = \max\{\mathcal{T}(p^{j(1)},f_{\tau^v}^*(p^{j(1)}),r_{\tau^v}^{j(1)}),\mathcal{T}(p^{j(2)},f_{\tau^v}^*(p^{j(2)}),r_{\tau^v}^{j(2)}),\cdots,\mathcal{T}(p^{j(k)},f_{\tau^v}^*(p^{j(k)}),r_{\tau^v}^{j(k)})\}$$

（5.33）

其中，$\mathcal{T}(p^{j(i)},f_{\tau^v}^*(p^{j(i)}),r_{\tau^v}^{j(i)}),i=1,2,\cdots,k$ 是在 $p^{j(i)}$ 的剩余流尚需要完成数据传输规划的时间，其计算如下：

$$\mathcal{T}(p^{j(i)},f_{\tau^v}^*(p^{j(i)}),r_{\tau^v}^{j(i)}) = \left\lceil \frac{u_{\tau^v}^{j(i)}}{f_{\tau^v}^*(p^{j(i)})} \right\rceil + d(p^{j(i)}) - \sum\limits_{z\in[v,x-1]} \tau^z \qquad (5.34)$$

**证明 5.4** 如图 5.9（a）所示，在时间 $\tau^v$ 内，针对业务传输 $j$，共有 $u_{\tau^v}^{j(i)}$ 单元数据被上传到路径 $p^{j(i)}$。然而，如图 5.9（a）所示，在 $\sum\limits_{z\in[v,x-1]} \tau^z$ 单元时间后，在 $\tau^v$ 时间内产生的剩余流 $r_{\tau^v}^{j(i)}$ 依然滞留于各传输路径中，换言之，在 $\sum\limits_{z\in[v,x-1]} \tau^z(x\geqslant 2)$ 时间后，在 $\tau^v$ 时间段内上传的数据全部滞留于各路径中。由式（4.3）可知，路径 $p^{j(i)}$ 总共需要 $\left\lceil \dfrac{u_{\tau^v}^{j(i)}}{f_{\tau^v}^*(p^{j(i)})} \right\rceil + d(p^{j(i)})$ 单元时间传输 $u_{\tau^v}^{j(i)}$。因此，路径 $p^{j(i)}$ 仍然需要 $\mathcal{T}(p^{j(i)},f_{\tau^v}^*(p^{j(i)}),r_{\tau^v}^{j(i)})$ 单元时间以完成 $r_{\tau^v}^{j(i)}$ 的传输。如图 5.9（a）右侧所示，由于剩余流 $r_{\tau^v}^{j(i)},x=1,2,\cdots,v-1$ 比剩余流 $r_{\tau^v}^{j(i)}$ 早上传于各传输路径中，在 $\mathcal{T}(p^{j(i)},f_{\tau^v}^*(p^{j(i)}),r_{\tau^v}^{j(i)})$ 单元时间后，剩余流

$r_{\tau^x}^{j(i)}, x=1,2,\cdots,v-1$ 都已完成了传输规划（抵达 $t^j$）。至此，业务 $j$ 在 $\tau^z$（$z=1,2,\cdots,x-1$）后，尚需要完成传输的最小时间可用式（5.33）计算。

如图 5.9（b）所示第 2 种计算场景，在时间段 $\tau^z(z=1,2,\cdots,x-1)$ 后，各路径上剩余流的总量小于在目的端 $t^j$ 需要量 $w_{\tau^{x-1}}^j$，即 $w_{\tau^{x-1}}^j > \sum\limits_{i\in[1,k]}\sum\limits_{z\in[1,x-1]} h_{z,x-1}^{j(i)}$。业务 $j$ 在当前流优化情况下，尚需要完成传输规划的最小时间 $\overline{\gamma^j}$，可以计算从源端 $s^j$ 通过各路径传输业务 $j$ 的 $\left(w_{\tau^{x-1}}^j - \sum\limits_{i\in[1,k]}\sum\limits_{z\in[1,x-1]} h_{z,x-1}^{j(i)}\right)$ 单元数据所需要的时间。那么，$\overline{\gamma^j}$ 计算如下：

$$\overline{\gamma^j} = \max\{\overline{\gamma^{j*}},\overline{\gamma^{j\star}}\} \tag{5.35}$$

其中，$\overline{\gamma^{j*}}$ 是传输所有路径上的剩余流（在时间段 $\tau^{x-1}$ 之后）到目的端 $t^j$ 所需要的时间，其计算方法如式（5.36）所示。$\overline{\gamma^{j\star}}$ 是传输业务 $j$，在 $\tau^{x-1}$ 之后还没有上传到各传输路径上的剩余数据 $\left(w_{\tau^{x-1}}^j - \sum\limits_{i\in[1,k]}\sum\limits_{z\in[1,x-1]} h_{z,x-1}^{j(i)}\right)$ 单元到目的端 $t^j$ 所需要的最小时间。同理，$\overline{\gamma^{j\star}}$ 也可以采用二项搜索方法去重复解决基于 $G_{\tau^x}^{j\_M}$ 的 MFT 问题，直到 $\overline{\gamma^{j\star}}$ 满足 $M_{\tau^x}(\overline{\gamma^{j\star}},G_{\tau^x}^{j\_M}) \geq w_{\tau^{x-1}}^j - \sum\limits_{i\in[1,k]}\sum\limits_{z\in[1,x-1]} h_{z,x-1}^{j(i)}$。

$$\overline{\gamma^{j*}} = \max\{\mathcal{T}(p^{j(1)},f_{\tau^{x-1}}^*(p^{j(1)}),r_{\tau^{x-1}}^{j(1)}),\mathcal{T}(p^{j(2)},f_{\tau^{x-1}}^*(p^{j(2)}),r_{\tau^{x-1}}^{j(2)}),\cdots,\mathcal{T}(p^{j(k)},f_{\tau^{x-1}}^*(p^{j(k)}),r_{\tau^{x-1}}^{j(k)})\} \tag{5.36}$$

**证明 5.5**　如图 5.9（b）所示场景 2，当采用搜索算法计算 $\overline{\gamma^{j\star}}$ 时，如果路径 $p^{j(i)}$ 的路径时延 $d(p^{j(i)}) \geq \overline{\gamma^{j\star}}$，那么，路径 $p^{j(i)}$ 不适宜传输业务 $j$ 的剩余数据量。这意味着：即使业务 $j$ 的传输规划没有完成，但在路径时延 $d(p^{j(i)})$ 小于 $\overline{\gamma^{j\star}}$ 的路径 $p^{j(i)}$ 上尚存在剩余流。因此，业务 $j$ 的最小完成传输时间 $\overline{\gamma^j}$ 由两部分组成：

（1）传输所有在时间段 $\tau^{x-1}$ 之后仍在各相关传输路径上的剩余流到目的端 $t^j$ 所需要的时间。

（2）传输在时间段 $\tau^{x-1}$ 之后，还没有上传到各传输路径上的数据量到目的端 $t^j$ 所需要的时间。那么，由证明 5.4 可知，$\overline{\gamma^{j\star}}$ 计算方法如式（5.36）所示。

**4. 基于最大多业务网络动态流的贪婪式算法（MDTS-H）**

基于如上所述动态调度规划策略，提出基于 MMFT 的贪婪式算法，即 MDTS-H 算法，如算法 5.3 所示，旨在已选定的各业务数据传输路径集中，贪婪式地从整体优化网络的吞吐量，直到每个业务完成传输，重新规划。图 5.10 详细展示了 MDTS-H 算法流程。MDTS-H 算法采用 MDTS-P 算法中的方法，迭代式地为每个业务计算可用的路径集（第 2 行）。MDTS-H 算法通过调用 DS 算法（如算法 5.4 所示）计算 $T_{\text{total}}$（第 4 行）判断各传输业务路径集的可用性，即当前多业务流路径集是否可以解决 MDTS 问题。

> 输入：$(G, s^j, t^j)$，$j = 1, 2, \cdots, m$
>
> 输出：MDTS 调度问题的解决方案
>
> 1 $k \leftarrow 1$;
>
> 2 分别为业务传输 $j = 1, 2, \cdots, m$ 计算第 $k$ 条最短路径 $p^{j(k)}$，当 $d(p^{j(k)}) < \tau$ 时，把 $p^{j(k)}$ 放到路径集 $P_\tau^j$;
>
> 3 **if** 当 $k < k_{\max}$　**then**
>
> 4　　通过执行 DS$(P_\tau^1, P_\tau^2, \cdots, P_\tau^m)$ 算法计算 $T_{\text{total}}$;
>
> 5　　**if** $T_{\text{total}} \leqslant \tau$　**then**
>
> 6　　　**return** $P_\tau^j$ 和相应的多业务流规划，$j = 1, 2, \cdots, m$;
>
> 7　　**else**
>
> 8　　　$k \leftarrow k + 1$ Goto 执行第二行程序;
>
> 9　　**end**
>
> 10　**else**
>
> 11　　MDTS 问题无法解决.
>
> 12　**end**

算法 5.3　MDTS-H 算法

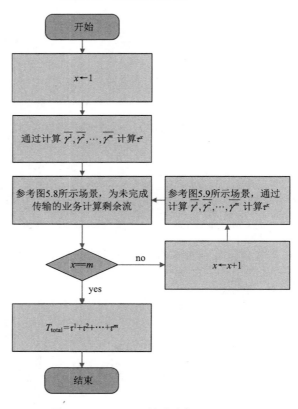

图 5.10　MDTS-H 算法流程

输入：$P_\tau^1, P_\tau^2, \cdots, P_\tau^m$

输出：$T_{\text{total}}$

1　阶段 $x=1$；

2　针对业务传输 $j=1,2,\cdots,m$，$w_{\tau^0}^j \leftarrow \sigma^j$；

3　通过解 $\text{MMFT}_m$ 问题，为业务传输 $j=1,2,\cdots,m$ 计算时间段 $\tau_x$ 的最大动态流网络 $G_{\tau^x}^{j-\mathbf{M}}$；

4　通过搜索算法为业务传输 $j=1,2,\cdots,m$，计算完成传输所需要的最小时间 $\overline{\gamma^j}$；

5　$\tau^x \leftarrow \min\{\overline{\gamma^1}, \overline{\gamma^2}, \cdots, \overline{\gamma^m}\}$

6　参考式（5.22），为每个没完成传输的业务计算在时间 $\tau^x$ 内上传到网络中的数据量；

7　执行 $\text{RF}(\tau^x, j)$ 算法为每个没完成数据传输规划的业务计算网络中的剩余流；

8 **for** 阶段 $x=2,3,\cdots,m$ **do**

9　　通过解 $\text{MMFT}_{m-x+1}$ 问题，为每个没完成数据传输规划的业务 $j$ 计算最大动态流网络 $G_{\tau^x}^{j-\mathbf{M}}$

10　　　**for** 针对每个在 $\tau^{x-1}$ 时间后还没完成传输规划的业务 $j$ **do**

11　　　　**if** $w_{\tau^{x-1}}^j = \sum\limits_{i\in[1,k]} \sum\limits_{z\in[1,v]} h_{z,x-1}^{j(i)}$ **then**

12　　　　　　参考式（5.33），为每个没完成规划传输的业务计算完成传输所需要的最小时间 $\overline{\gamma^j}$（如图 5.9（a）场景 1 所示）；

13　　　　**end**

14　　　　**if** $w_{\tau^{x-1}}^j > \sum\limits_{i\in[1,k]} \sum\limits_{z\in[1,x-1]} h_{z,x-1}^{j(i)}$ **then**

15　　　　　　参考式（5.35），为每个没完成规划传输的业务计算完成传输所需要的最小时间 $\overline{\gamma^j}$（如图 5.9（b）场景 2 所示）；

16　　　　**end**

17　　　**end**

18　　重新执行算法 5～7 行；

19 **end**

20　$T_{\text{total}} \leftarrow \sum \tau^x$

算法 5.4　DS 算法

在算法 5.4 所示 DS 算法中，算法的第 1～7 行负责计算第 1 次规划的最小切换时间间隔 $\tau^1$，算法第 8～15 行负责计算其他切换时间间隔 $\tau^2, \cdots, \tau^m$，以此实现动态规划。其中，算法第 6 行计算在时间段 $\tau^x$ 内，从源端 $s^j$ 上传到路径 $p^{j(i)}$ 中的数据量。算法第 12 行和第 15 行分别计算符合如图 5.9（a）和（b）所示场景，即在 $\tau^1$ 时间段内，未完成传输的各业务在当前多业务流优化下，所需要的最小完成时间。此外，在 DS 算法第 7 行，算法 5.5 所示 RF 算法被调用来计算在时间段 $\tau^x(x=1,2,\cdots,m)$ 之后，业务 $j$ 的剩余流和剩余数据传输量。RF 算法的第 1 行用来逐一计算业务 $j$ 在每个传输路径上的剩余流情况。算法第 2、3 行计算符合如图 5.8（a）所示场景的剩余流情况。其中，算法第 2 行用来判断剩余流的计算情况是否符合图 5.8（a）所示场景 1。此外，算法第 5～8 行计算符合如图 5.8（b）所示场景的剩余流情况。由证明 5.4.2，算法第 6 行用来判断在路径 $p^{j(i)}$ 上是否存在剩余流 $r_{\tau^v}^{j(i)}$。此外，算法第 9 行计算在时间段 $\tau^x$ 后，业务 $j$ 还未传输到目的端的数据量。

---

输入：$\tau^x, j$

输出：$\tau^x$ 后，未完成传输业务的剩余流情况

1 **for** $p^{j(i)} \in P_\tau^j$ **do**

2　　**if** $F_{\tau^x}(\tau^x, p^{j(i)}) > 0$　**then**

3　　　　参考式（5.24），计算路径 $p^{j(i)}$ 的剩余流情况（如图 **5.8（a）场景 1** 所示）；

4　　**else**

5　　**for** $h_{v,x-1}^{j(i)} \in H(p^{j(i)})$ **do**

6　　　　**if**　$u_{\tau^x}^{j(i)} > F_{\tau^v}(\sum_{z \in [v,x]} \tau^z, p^{j(i)}) > 0$　**then**

7　　　　　　参考式（5.27），计算路径 $p^{j(i)}$ 的剩余流情况（如图 **5.8（b）场景 2** 所示）；

8　　　　　　**break;**

9　　　　**end**

10　　**end**

11　　**end**

12 **end**

13 参考式（5.32），计算 $\tau^x$ 后，业务 $j$ 未完成传输的数据量.

算法 5.5　RF 算法

---

**5. MDTS-H 算法执行实例**

为了解释 MDTS-H 算法的执行过程，采用 MDTS-H 算法解决图 5.11 所示的 MDTS 问题。

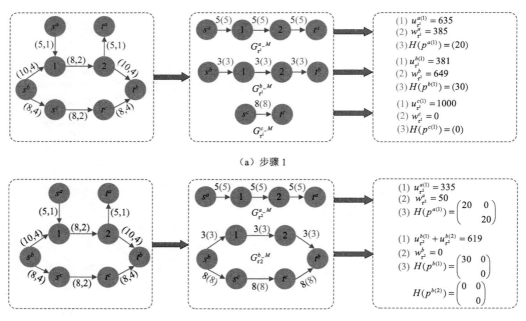

（a）步骤 1

（b）步骤 2

图 5.11　MDTS-H 算法执行实例

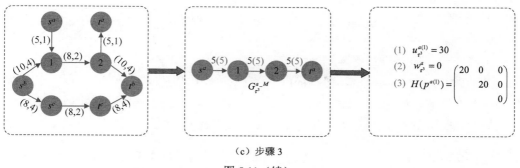

（c）步骤 3

图 5.11（续）

在图 5.11 左边所示网络中，每个有向链路都有一个（可用带宽，链路时延）权值。网络中有 3 个传输业务（$j=a,b,c$），要求在 $\tau=220$ 单元时间内，分别从 $s^a$ 到 $t^a$、$s^b$ 到 $t^b$、$s^c$ 到 $t^c$ 传输 1000 单元数据量。在本例中，为了简化算法的执行过程，省略算法为各传输业务寻取路径集的过程，每个传输业务都采用网络中其潜在的每一个可用路径进行数据传输规划，换言之，$P_\tau^a = \{p^{a(1)} = <s^a, 1, 2, t^a>\}$，$P_\tau^c = \{p^{c(1)} = <s^c, t^c>\}$，$P_\tau^b = \{p^{b(1)} = <s^b-1-2-t^b>, p^{b(2)} = <s^b-s^c-t^c-t^b>\}$ 之后，调用动态调度算法 DS 通过规划多业务流计算多业务需要完成数据传输规划的时间 $T_{total}$。由于网络中共有 3 个传输业务，因此 DS 算法计算 $T_{total}$ 共分 3 个阶段。

1）阶段 1：计算 $\tau^1$

在算法执行之前，设置 $w_{\tau^0}^a = 1000$，$w_{\tau^0}^b = 1000$，$w_{\tau^0}^c = 1000$ 通过解决 $MMFT_3$ 问题，各业务传输的最大流网络分别为 $G_{\tau^1}^{a-M} = \{p^{a(1)}\}$，$G_{\tau^1}^{b-M} = \{p^{b(1)}\}$，$G_{\tau^1}^{c-M} = \{p^{c(1)}\}$。各业务的最大流网络及各链路可用的最大带宽如图 5.11（a）中间所示。基于 $G_{\tau^1}^{j-M}$，$j=a,b,c$，通过执行搜索算法（实际实现中采用二项搜索算法）分别为业务传输 $j=a,b,c$ 计算在当前流优化条件下，各业务完成传输所需的最小时间，分别为 $\overline{\gamma^a} = 204$，$\overline{\gamma^b} = 344$，$\overline{\gamma^c} = 127$。

图 5.11（a）中部红色括号内数字为各最大流网络实际为各链路分配的流。参考式（5.19），在第 1 阶段，业务传输 $j=c$ 在 $\tau^1 = \min\{\overline{\gamma^a} = 204, \overline{\gamma^b} = 344, \overline{\gamma^c} = 127\} = 127$ 单元时间后完成传输。在时间段 $\tau^1$，业务 $j=a$ 的 $u_{\tau^1}^{a(1)} = 635$ 单元数据被传输到路径 $p^{a(1)}$ 上，目标 $j=b$ 的 $u_{\tau^1}^{b(1)} = 381$ 单元数据被传输到路径 $p^{b(1)}$ 上。之后，为未完成传输的业务 $j=a,b$ 计算剩余流。其中，由于 $F_{\tau^1}(\tau^1, p^{a(1)}) = 615 > 0$，业务传输 $j=a$ 的路径 $p^{a(1)}$ 的剩余流计算场景符合如图 5.8（a）所示场景 1。那么，参考式（5.32），在 $\tau^1$ 后，业务 $j=a$ 的剩余数据量为 $w_{\tau^1}^a = 385$。此外，参考式（5.25），在 $\tau^1$ 内，业务 $j=a$ 在路径 $p^{a(1)}$ 上产生的剩余流 $r_{\tau^1}^{a(1)}$ 数据量为 $u_{\tau^1}^{a(1)} - F_{\tau^1}(\tau^1, p^{a(1)}) = 20$，换言之，$H(p^{a(1)}) = (20)$。与业务传输 $j=a$ 的剩余流情况相同，针对业务传输 $j=b$，在 $\tau^1$ 时间段内，由于目的端 $t^b$ 从路径 $p^{b(1)}$ 上接收到 $F_{\tau^1}(\tau^1, p^{b(1)}) = 351$ 单元数据，业务传输 $j=b$ 的路径 $p^{b(1)}$ 上的剩余流计算场景也符合图 5.8（a）所示场景 1。参考式（5.32），在 $\tau^1$ 时间后，业务 $j=b$ 还有 $w_{\tau^1}^b = 649$ 单元数据没有传输到 $t^b$。此外，在时间 $\tau^1$ 内，路径 $p^{b(1)}$ 上产生的剩余流数据量为 $u_{\tau^1}^{b(1)} - F_{\tau^1}(\tau^1, p^{b(1)}) = 30$，即 $H(p^{b(1)}) = (30)$。综上，在阶段 1，网络中各业务数据传输情况如图 5.11（a）右侧所示。

2）阶段 2：计算 $\tau^2$

在阶段 2（即计算 $\tau^1$ 之后），多业务流只由业务传输 $j=a$ 和 $j=b$ 组成。之后，动态调度策略通过计算 $\tau^2$ 规划传输业务流。

业务传输的最大流网络分别为 $G_{\tau^2}^{a}\text{-}M=\{p^{a(1)}\}$，$G_{\tau^2}^{b}\text{-}M=\{p^{b(1)},p^{b(2)}\}$。各业务的最大流网络及各链路可用的最大带宽如图 5.11（b）中间所示。由于业务传输 $j=a,b$ 在 $\tau^1$ 时间内的路径集上的剩余流满足：$\sum_{z\in[1,1]}h_{z,1}^{a(1)}<w_{\tau^1}^{a}$（$20<385$），$\sum_{z\in[1,1]}h_{z,1}^{b(1)}<w_{\tau^1}^{b}$（$30<649$），因此，业务传输 $j=a$，$j=b$ 的最小完成传输时间计算场景符合图 5.9（b）所示场景 2。如图 5.11（b）中间所示，经计算，当按照括号内的数字为各链路分配带宽时，业务传输 $j=a,b$ 分别在 $\overline{\gamma^a}=77$，$\overline{\gamma^b}=67$ 后完成传输规划，换言之，在 $\tau^2=\min\{\overline{\gamma^a}=77,\overline{\gamma^b}=67\}=67$ 单元时间后，多目标流（只剩业务 $j=a$）将会再次被重新规划。在 $\tau^2$ 时间段内，$u_{\tau^2}^{a(1)}=335$ 单元业务 $a$ 的数据量被上传到路径 $p^{a(1)}$，且由于 $F_{\tau^2}(\tau^2,p^{a(1)})=315>0$，路径 $p^{a(1)}$ 上的剩余流计算符合图 5.8（a）场景 1。在 $\tau^2$ 时间内，由于业务 $j=a$ 的目的端 $t^a$ 从路径 $p^{a(1)}$ 上接收 315 单元数据量，业务传输 $j=a$ 的剩余未到达目的端的数据量为 $w_{\tau^2}^{a}=50$（参考式（5.32））。此外，在路径 $p^{a(1)}$ 上，在 $\tau^1$ 产生的剩余流，在 $\tau^2$ 之后，都抵达目的端。参考式（5.25），在路径 $p^{a(1)}$ 上，在 $\tau^2$ 时间后产生的剩余流数量为 $u_{\tau^2}^{a(1)}-F_{\tau^2}(\tau^2,p^{a(1)})=20$，即 $H(p^{a(1)})=\begin{pmatrix}20&0\\&20\end{pmatrix}$。在阶段 2，网络中，业务 $j=a,b$ 数据传输情况如图 5.11（b）右侧所示。

3）阶段 3：计算 $\tau^3$

在阶段 3，多业务流仅由业务 $j=a$ 的数据流组成。通过解决 $\text{MMFT}_1$ 问题（同等于 MFT 问题），业务传输 $j=a$ 的最大流网络为 $G_{\tau^3}^{a}\text{-}M=\{p^{a(1)}\}$。由于 $\sum_{z\in[1,2]}h_{z,2}^{a(1)}<w_{\tau^2}^{a}$（$20<50$），业务传输 $j=a$ 的最小完成传输时间计算场景符合图 5.9（b）所示场景 2。基于图 5.11（c）中间所示数据流，业务传输 $j=a$ 在 $\overline{\gamma^b}=\tau^3=10$ 单元时间完成数据传输。在这一阶段，网络中业务 $j=b$ 的数据传输情况如图 5.11（c）右侧所示。综上，采用本章提出的动态规划策略，图 5.11 所示示例中的多业务数据传输在 $T_{\text{total}}=\tau^1+\tau^2+\tau^3=204$ 单元时间内完成。由于 $T_{\text{total}}<\tau$，图 5.11 所示网络可以解决该例中的 MDTS 问题。

由于动态规划策略在第 2 阶段加快了业务 $j=b$ 的传输，因此多业务传输在 $T_{\text{total}}=\tau^1+\tau^2+\tau^3=204$ 单元时间完成。此外，本节也证明了第 5.2 节提出的基于静态调度策略的 MDTS-R 和 MDTS-P 算法无法解决该例中的 MDTS 问题。

## 5.4　仿　真　验　证

下面通过多组仿真实验深入分析所提算法的运行特征和适用场景。首先将通过仿真实验分析所提基于静态调度策略的 MDTS-R 和 MDTS-P 算法的性能，然后深入分析动态调度算法 MDTS-H 的运行特性。最后将对静态调度算法和动态调度算法做对比分析，继而分析每个算法所适用的应用场景。

### 5.4.1　静态调度算法（MDTS-R、MDTS-P）测试

为了测试静态调度算法的性能，在节点数量分别为 10～100 的 ER 图上，设置多业务传输场景，分别采用 MDTS-R 和 MDTS-P 算法解决 MDTS 问题。此外，在每个 ER 图中，两个节点间存在链路的概率为 $\frac{\lg|V|}{|V|}$，每个链路的链路时延 $d(e)$ 值在[5,10]上服从均匀分布，链路带宽 $b(e)$ 在[10,15]上服从均匀分布。基于每个 ER 图，采用 MDTS-R 或 MDTS-P 算法重复解决 100 次，包含 2～10 个业务的 MDTS 问题。每一个业务传输的数据量在[1000,1500]上服从均匀分布，且要求在 $\tau=400$ 单元时间内完成传输规划。为了评价算法性能，overpath-number 定义如下：当采用 MDTS-R 或 MDTS-P 算法解决 MDTS 问题时，如果 $|P_\tau^j|>m$，则该算法的 overpath-number 被加 1。换言之，该算法的 overpath-number 越大，越浪费网络资源，即需要过多路径解决 MDTS 问题。所有算法都采用 Python 语言进行编写；采用 Networkx 开源库生成 ER 图和 Pulp 解释器解决所有算法中的线性规划问题。此外，仿真环境平台如表 4.2 所示。在此基础上，分别比较 MDTS-R 和 MDTS-P 算法在解决 MDTS 问题时的 overpath-number、成功率、聚合带宽、执行时间，且所有算法的 $k_{max}$ 被设置为 10，即每个业务传输的路径集最多有 10 条路径。如图 5.12（a）所示，从整体上看，当采用 MDTS-R 和 MDTS-P 算法解决 MDTS 问题时，聚合带宽随着网络规模（节点数量）和 MDTS 问题中的业务传输数量递增（递减）而递增（递减）。值得注意的是，当业务传输数量大于 5 时，同比 MDTS-P 算法，MDTS-R 算法需要更大的聚合带宽。同理，如图 5.12（b）所示，同比 MDTS-P 算法，MDTS-R 算法需要更多的端到端路径以规划多业务传输。图 5.12（c）为两种静态调度算法成功率的比较结果。由图 5.12（c）可知，各路径成功率随着网络规模（节点数量）和 MDTS 问题中的业务传输数量递增（递减）而递减（递增），并且 MDTS-P 算法的成功率整体上高于 MDTS-R 算法。综上，MDTS-R 算法在解决 MDTS 问题过程中，需要更大的聚

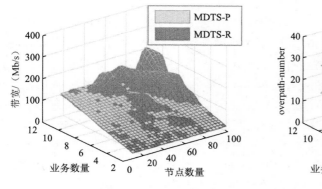

（a）聚合带宽比较

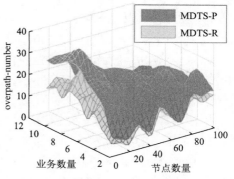

（b）overpath-number 比较

图 5.12　MDTS-R、MDTS-P 算法比较

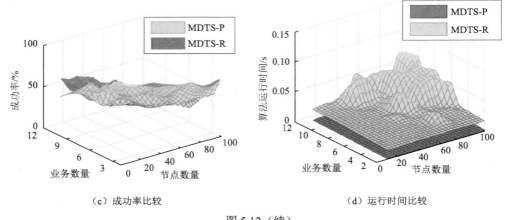

（c）成功率比较　　　　　　　　　（d）运行时间比较

图 5.12（续）

合带宽和更多路径，但由于 MDTS-P 算法从整体上优化多业务流，比
MDTS-R 算法更高效，MDTS-R 算法的成功率仍低于 MDTS-P 算法。然
而，如图 5.12(d)所示，当网络中有较多的多业务流存在时，同比 MDTS-R
算法，MDTS-P 算法执行效率变低。这是由于基于式（5.3）的 MDTS-P
算法在解决相关线性规划问题时，需要消耗更多时间。

彩图 5.12

### 5.4.2　动态调度算法（MDTS-H）测试

为了验证 MDTS-H 算法可以提高网络资源利用效率，即在同等网络规模性下，
MDTS-H 算法可以使多业务传输在较短时间完成，比较 MDTS-H 算法和 $x$-MDTS，
$x=1,2,\cdots,m-1$，还有 E-MDTS 算法的调度策略，即在同等网络资源条件下，每个业务
传输完成的时间 $T(P_\tau^j, f(P_\tau^j), \sigma^j)$，还有多业务流完成传输的时间 $T_{\text{total}}$。其中，$x$-MDTS
算法的调度策略允许多业务流最多重新规划 $x$ 次；E-MDTS 算法的调度策略与 MDTS-H
算法的调度策略相似，但在流量优化过程中，每一个被多业务传输共享的网络链路的链
路带宽平均分配给多业务传输，例如，如果链路 $e\in P_\tau^a \cap e\in P_\tau^b$ 被业务传输 $j=a,b$ 共享，
那么 $f_\tau(u^a,v^a)=f_\tau(u^b,v^b)$。

首先基于图 5.11 所示的网络多业务传输示例中，比较 MDTS-H、1-MDTS 和 E-MDTS
算法。仿真中的多业务分别传输 1000～2500 大小的数据。如图 5.13（a）所示，在 MDTS-H
和 1-MDTS 算法的调度策略下，业务传输 $j=a$，需要相同的时间完成传输规划，这是
因为在这两种算法的调度策略下，业务传输 $j=a$ 在 $\tau^1$，$\tau^2$ 和 $\tau^3$ 时间段在相同的路径被
分配相同的网络资源，即聚合带宽。换言之，MDTS-H 算法的调度策略不会影响业务
$j=a$ 的传输。由于业务 $j=a$ 总是第一个完成其传输规划，与业务 $j=a$ 的传输类似，在
MDTS-H 和 1-MDTS 算法的调度策略下，业务传输 $j=c$ 也需要相同的时间完成传输规
划[图 5.13（c）]。针对业务 $j=a,c$，E-MDTS 算法的调度策略效率非常低。同比之下，
如图 5.13（b）所示，E-MDTS 算法可以提高业务 $j=b$ 的传输效率。综上，如图 5.13（d）
所示，MDTS-H 算法的调度策略是最高效的。在时间段 $\tau^1$ 内，MDTS-H 算法通过牺牲
业务 $j=b$ 的传输效率，为业务 $j=c$ 分配更大的网络聚合带宽，继而提高业务 $j=c$ 的传

输效率。之后，通过再分配已完成业务 $j=c$ 的网络资源，提高业务 $j=b$ 的传输效率。通过这一系列调度，提升网络整体多业务流的传输效率。同比之下，E-MDTS 和 1-MDTS 算法无法充分网络资源，继而降低了解决相关 MDTS 问题的成功率。

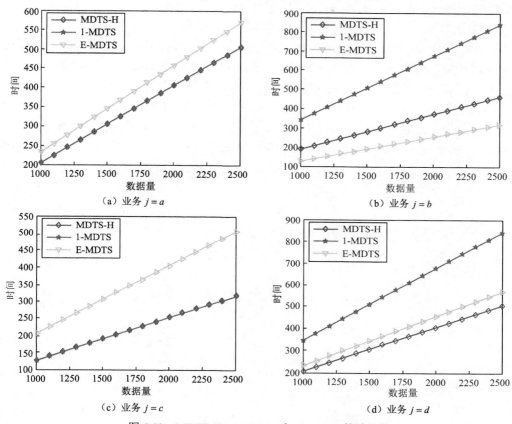

（a）业务 $j=a$　　　　　　（b）业务 $j=b$

（c）业务 $j=c$　　　　　　（d）业务 $j=d$

图 5.13　MDTS-H、1-MDTS 和 E-MDTS 算法比较

此外，为了对上述算法进行深入对比分析，分别基于 ER 图（30 个节点，链路概率 $\frac{\lg |30|}{|30|}$）、GEANT 网络[14]和 USANet 网络（40 个节点，58 条链路）[15]，进行仿真实验分析。在每个网络中，每个链路的链路时延在 $[5,10]$ 上服从均匀分布，链路带宽 $b(e)$ 在 $[10,15]$ 上服从均匀分布。所有传输调度仿真在 100 个不同的 ER 图和 100 个有不同（可用带宽，链路时延）权值的 GEANT、USANet 网络上进行。针对每个网络拓扑，多业务时延约束传输示例分别包含 3、4、5、6 个传输业务，每个业务传输的数据量均匀分布在 $[1000,1500]$ 单元，且多业务传输要求在 $\tau=300$ 单元时延内完成传输。此外，仿真要求随机选取的多业务传输满足：至少有两个业务 $j=a,c$ 共享一个链路 $e$，即链路 $e \in P_\tau^a$，$e \in P_\tau^b$（$P_\tau^a, P_\tau^b$ 由算法 MDTS-H 算法获得）。基于此，仿真实验进行如下：

（1）首先，用 MDTS-H 算法为各业务计算路径集和 $T_{\text{total}}$(MDTS-H)。

（2）基于各业务获取的路径集，分别用算法 E-MDTS,1-MDTS,2-MDTS,$\cdots$,$(m-1)$-

彩图 5.13

MDTS 计算 $T_{\text{total}}$(E-MDTS)，$T_{\text{total}}$(1-MDTS)，$T_{\text{total}}$(2-MDTS)，$\cdots$，$T_{\text{total}}$((m-1)-MDTS)。

（3）采用 score($\mathcal{Y}$) 代表算法 $\mathcal{Y}$ 在仿真对比所得分数。其中，如果算法 $\mathcal{Y}$ 满足 $T_{\text{total}}(\mathcal{Y}) = \min\{T_{\text{total}}(\text{MDTS-H}), T_{\text{total}}(\text{E-MDTS}), T_{\text{total}}(1\text{-MDTS}), T_{\text{total}}(2\text{-MDTS}), \cdots, T_{\text{total}}((m-1)\text{-MDTS})\}$，那么，算法 $\mathcal{Y}$ 的得分 score($\mathcal{Y}$) 被加 1。

　　如图 5.14 所示，在所有算法中，MDTS-H 算法的得分最高。通过仿真实验，也可以发现 $x$-MDTS 算法有时也可以得分。这是由于即使完成传输的业务资源被重新规划，但未完成传输的业务并没有获得更多网络资源。如图 5.11 所示示例中，业务 $j=a$ 在各时间段并没有随着业务 $j=b,c$ 的传输完成而获得更大的聚合带宽，继而 MDTS-H 算法的动态调度策略无法提升单业务 $j=a$ 的传输。由图 5.14 也可以发现，$x$ 值越大，$x$-MDTS 算法得分越高。这也证明了在 MDTS-H 算法中，动态调度次数越多，网络利用率越有机会被提高。此外，虽然 E-MDTS 算法也有一定概率得分，但 MDTS-H 算法获得了 80%

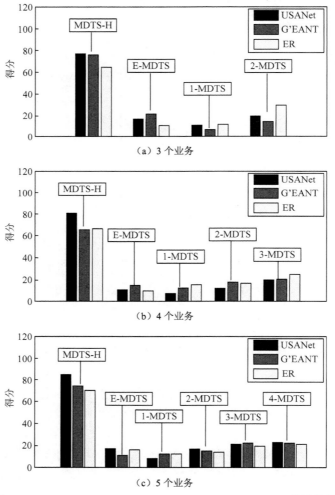

彩图 5.14

图 5.14　MDTS-H、E-MDTS、$x$-MDTS（$x=1,2,\cdots,m-1$）算法比较

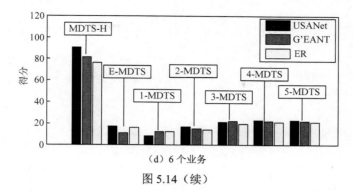

（d）6 个业务

图 5.14（续）

的分数。综上，MDTS-H 算法在解决 MDTS 问题中可以充分利用网络资源，提升网络资源利用效率，继而提高解决 MDTS 问题的成功率。

### 5.4.3　对比测试及结果分析

由于 MDTS-P 和 MDTS-R 算法无法解决图 5.11 所示示例，为了深入分析每种算法（包含静态调度和动态调度算法）的性能及所适应范围，本节执行第 5.4.1 节中所述仿真，比较 MDTS-P 和 MDTS-H 算法在解决 MDTS 问题时的效率，包含：overpath-number，解决 MDTS 问题的成功率和算法执行时间（选择 MDTS-P 算法作为比较展示结果的原因是因为 MDTS-P 算法在解决 MDTS 问题时比 MDTS-R 算法效率更高）。

如图 5.15（a）所示，当网络中的业务数较小时（小于 6），同比 MDTS-H 算法，MDTS-P 算法需要更少的路径。当业务数大于 6 时，MDTS-H 比 MDTS-P 算法更能充分利用网络资源。与 overpath-number 比较结果类似，当业务数大于 7 时，MDTS-H 算法比 MDTS-P 算法的成功率更高。这是由于 MDTS-H 算法的动态调度策略可以为未完成传输的业务提供动态分配的网络带宽，以此提高网络传输效率。然而，如图 5.15（b）所示，由于 MDTS-H 算法需要重复解决式（5.9）所示线性规划问题和在不同时段为未完成传输的业务计算完成传输的最小时间间隔，因此，与 MDTS-P 算法相比，MDTS-H 算法运行效率很低，如图 5.15（c）所示。

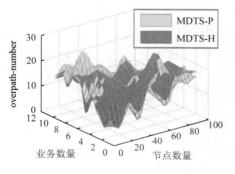

（a）overpath-number 比较

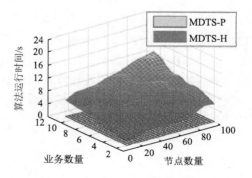

（b）运行时间比较

图 5.15　MDTS-P、MDTS-H 算法比较

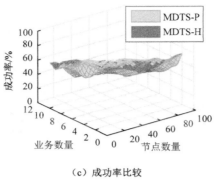

彩图5.15

（c）成功率比较

图5.15（续）

此外，表5.2展示所有仿真结果的中值，简述如下：

（1）MDTS-R算法运行效率最高，即可以快速解决网络中的MDTS问题。

（2）当网络中的业务数较小时，MDTS-P算法可以更充分利用网络资源，以更高概率解决网络中的MDTS问题。

（3）当网络中的业务数较大时，MDTS-H算法得益于其动态调度规划策略，可以更充分地利用网络资源，提高解决MDTS问题的成功率。

表5.2　MDTS-R、MDTS-P和MDTS-H算法比较

| 比较项 | MDTS-R | MDTS-P | MDTS-H |
| --- | --- | --- | --- |
| 运行时间/s | 0.23946 | 0.51615 | 3.09155 |
| overpath-number($m \leqslant 5$) | 17 | 13 | 14 |
| overpath-number($m > 5$) | 19 | 12 | 11 |
| 成功率（$m \leqslant 5$）/% | 65.5 | 67.5 | 66 |
| 成功率（$m > 5$）/% | 28.5 | 33.5 | 41.5 |

# 本 章 小 结

在互联网复杂多业务同步数据流传输场景下，为保证多业务数据流传输实时性，本章提出了多业务时延约束传输调度问题，并证明该问题的复杂性。采用网络最大动态流理论，以及静态和动态调度算法，针对不同传输条件、传输要求场景提出了适用的解决方案。本章基于互联网中的数据传输规划调度平台，以保证多业务实时同步计算或服务为目标，提供了可供选择的大数据传输控制方案。

# 参 考 文 献

[1] HASHEM I A T, YAQOOB I, ANUAR N B. The rise of "big data" on cloud computing: review and open research issues[J]. Information Systems, 2015, 47: 98-115.

[2] BOTTA A, DE DONATO W, PERSICO V. Integration of cloud computing and internet of things: A survey[J]. Future Generation Computer Systems, 2016, 56: 684-700.

[3] YANNUZZI M, MILITO R, SERRAL-GRACIUR. Key ingredients in an IoT recipe: Fog computing, cloud computing, and

more fog computing[C]// Computer Aided Modeling and Design of Communication Links and Networks (CAMAD). 2014 IEEE 19th International Workshop on. IEEE, 2014: 325-329.

[4]　JIANG L, DA XU L, CAI H. An IoT-oriented data storage framework in cloud computing platform[J]. IEEE Transactions on Industrial Informatics, 2014, 10(2): 1443-1451.

[5]　PERERA C, ZASLAVSKY A, CHRISTEN P. Context aware computing for the internet of things: A survey[J]. IEEE Communications Surveys & Tutorials, 2014, 16(1): 414-454.

[6]　HAN G, LIU L, CHAN S. HySense: A hybrid mobile crowdsensing framework for sensing opportunities compensation under dynamic coverage constraint[J]. IEEE Communications Magazine, 2017, 55(3): 93-99.

[7]　JIN J, GUBBI J, LUO T. Network architecture and QoS issues in the internet of things for a smart city[C]// 2012 International Symposium on Communications and Information Technologies (ISCIT). Gold Coast: IEEE, 2012: 956-961.

[8]　JIN J, GUBBI J, MARUSIC S. An information framework for creating a smart city through internet of things[J]. IEEE Internet of Things Journal, 2014, 1(2): 112-121.

[9]　HOU A, WU C Q, FANG D. Bandwidth scheduling with multiple variable node-disjoint paths in high-performance networks[C]// 2016 IEEE 35th International Performance Computing and Communications Conference (IPCCC). Las Vegas: IEEE, 2016: 1-4.

[10]　WANG Y, SU S, LIU A X. Multiple bulk data transfers scheduling among datacenters[J]. Computer Networks, 2014, 68(5): 123-137.

[11]　CHEN J, CHAN S H G, LI V O K. Multipath routing for video delivery over bandwidth-limited networks[J]. IEEE Journal on Selected Areas in Communications, 2004, 22(10): 1920-1932.

[12]　HALL A, HIPPLER S, SKUTELLA M. Multicommodity flows over time: Efficient algorithms and complexity[C]// International Colloquium on Automata, Languages, and Programming. Eindhoven: Springer, 2003: 397-409.

[13]　FLEISCHER L, SKUTELLA M. The quickest multicommodity flow problem[C]// International Conference on Integer Programming and Combinatorial Optimization. Cambridge: Springer, 2002: 36-53.

[14]　GEant network. http://www.geant.org/.

[15]　LEZAMA F, CASTANON G, SARMIENTO A M. Routing and wavelength assignment in all optical networks using differential evolution optimization[J]. Photonic Network Communications, 2013, 26(2-3):103-119.

# 第 6 章　面向分布式移动工业互联网的时延敏感性数据流传输调度

物联网技术的创新与发展推动了智慧工厂、智能制造技术体系的革新和应用。工业网络可以支持多种类的工业应用，如物料统计、安全监控、物流管理。在工业网络中，一些工业应用对 QoE 有很高的要求，尤其是延迟敏感度[1-3]。近年来，随着移动智能体技术、机器人技术的发展和在智能工厂的广泛应用，基于移动信息采集节点的工业网络得到了推广和关注。本章在移动工业网络中引入边缘计算技术以支持对延迟敏感的工业互联网应用。通过边缘计算，可以构建基于雾基站（fog-based base station，FBS）的移动工业网络。这样，工业延迟敏感的轻量级任务可以在 FBS 处理，而云计算平台可以用来处理对延迟不敏感，但是任务计算量很大的任务。此外，本章对 SDN 技术进行了深入研究，并提出了一种支持 SDN 的移动工业网络架构。通过集中式的 SDN 控制器，可以实时监控和收集网络状态，使支持 SDN 的网络设备包括数据传输和处理组件都可以实现透明控制。此外，本章为移动延迟敏感的工业应用提出了一种分布式移动边缘计算方案，以解决 MTVS（multiple time-constrained vehicular applications scheduling，多时延受限的工业应用调度）问题。

## 6.1　基于边缘计算的软件定义工业互联网

### 6.1.1　层次化工业互联网模型

如图 6.1 所示，为了实现智能和可扩展的移动边缘计算，本章提出了一种基于边缘计算的软件定义工业互联网架构。基于 SDN 技术、支持移动边缘计算的工业互联网架构分为三层。

网络层：层次化工业互联网架构的网络层由工业移动节点（mobile node，MN）组成。MN 通过多种无线通信模式向 FBS 传输数据或接收 FBS 提供的服务。特别是在边缘层中，FBS 既作为服务提供者又作为边缘计算单元（包括数据传输和处理单元）。

边缘层：在边缘层中，FBS 相互协作并连接起来构建基于 FBS 的网络，用于解决共享信息、MN 服务访问问题（例如，在 MNs 从一个 FBS 移动到另一个 FBS 时支持无缝切换），尤其是提供分布式存储和边缘计算等。例如，轻型工业服务可以在 MN 本身上处理，而重量级的工业服务可以沿着移动路径分配给 FBS，从而形成分布式计算场景。值得注意的是，在边缘层，所有任务分配和流量工程策略都由控制层的 SDN 控制器决定。

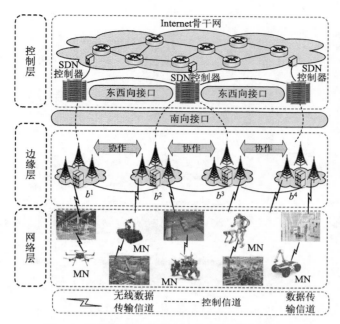

图 6.1　基于边缘计算的软件定义工业互联网架构

控制层：控制层具有分布式的控制平面，SDN 控制器通过标准的南向 API 在边缘层控制其域内的 FBS。SDN 控制器通过东西向 API 相互通信，共享网络状态（包括通信和计算资源），形成逻辑集中的控制平面。在控制层，SDN 控制器负责监控网络状态并收集信息，并与流量工程（traffic engineering，TE）策略一起进行联合计算，以调度传输和计算资源。

### 6.1.2　移动请求调度流程

图 6.2 为面向软件定义工业互联网的边缘计算流程，可以简要描述如下。

步骤 1：对于移动节点工业服务请求，MN 首先计算提供工业服务所需的计算时间或成本（包括数据传输和计算时间）。这里以工业服务的延迟敏感性为例，假设 MN 本身无法在要求的时间内计算或部署移动工业服务。

步骤 2：MN 将工业服务请求连同其 QoE 要求一起发送到其对应的 FBS 进行边缘计算，即源 FBS。

步骤 3：源 FBS 请求其对应的 SDN 控制器调度整个网络资源，以满足工业服务的延迟敏感性。

步骤 4：SDN 控制器预测 MN 的移动轨迹，并以请求/回复的方式沿移动轨迹从 FBSs 处收集网络状态。

步骤 5：根据收集到的网络状态和来自 FBS 的调度请求，SDN 控制器决定计算和 TE 策略。

步骤 6：最后 SDN 控制器通过遵循南向 API（如 Open Flow）来部署计算和 TE 策略。

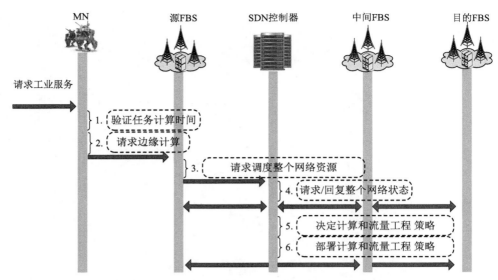

图 6.2　面向软件定义工业互联网的边缘计算流程

此外，如果边缘层不能保证工业服务的 QoE，控制层将通过主干网向云计算单元请求进一步的计算。

### 6.1.3　问题描述

为了保证工业网络中对延迟敏感的应用或服务，要解决的 MTVS 问题可以简要描述如下：给定一个基于边缘计算技术的工业互联网，MN 集合 $U=\{u_x\}$，$x=1,2,\cdots,|U|$为在时间段 $\tau$ 内 MN 的数量。$u_x \in U$ 沿着可预测的轨迹 $T_x$ 移动，穿过一系列分别由 FBS $b^i_x(i=1,2,\cdots)$管理的区域，并要求在时间 $\tau$ 内请求移动延迟敏感应用 $A_x=\{a_{x(z)}\}$，$z=1,2,\cdots,|A_x|$。假设 $a_{x(z)} \in A_x$ 有一个对应的大小为 $\sigma_{x(z)}$ 的文件，该文件从 $u_x$ 处上传。MTVS 问题的目的是计算一个调度，以控制 MN 或 FBS 合作处理这些文件，从而使 $a_{x(z)} \in A_x,z=1,2,\cdots,|A_x|$能够在时间 $\tau$ 内被 $u_x \in U,x=1,2,\cdots,|U|$访问。

## 6.2　基于移动边缘计算的分布式处理策略

为了有效地解决 MTVS 问题，引入分布式边缘计算范式。基于所提出的范式，可以充分利用工业网络边缘层中的网络资源，例如计算资源，并且可以提高用于解决工业网络中的 MTVS 问题的成功率。注意，与文献[4]中提出的在任务级分配计算资源不同，本章关注边缘任务（移动延迟敏感应用）本身。将任务划分为数据级，并引入基于与边缘任务相关的分布式计算逻辑划分的文件块的概念，如图 6.3 左侧所示。之后，每个文件块被分配/传输到 FBS 以进行数据的进一步处理（如图 6.3 右侧所示），并且在每个分配的 FBS 处计算的子结果在目的地 FBS 处聚合，从而得到解决 MTVS 问题的结果。假设所有 MN 服务都可以在目的地 FBS 进行缓冲和访问。

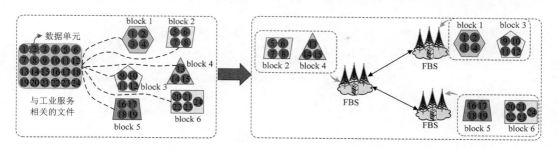

图 6.3　分布式文件块概念图

### 6.2.1　分布式移动数据处理模型

表 6.1 展示了一些重要符号。

表 6.1　重要符号表

| 符号 | 描述 |
| --- | --- |
| $b_x^i$ | 在 FBS 网络上的路径 $p_x$ 上的第 $i$ 个 FBS |
| $a_{x(z)}$ | 由 $u_x$ 请求的第 $z$ 个移动应用 |
| $bl_{x(z)}^i$ | $a_{x(z)}$ 分配给 $b_x^i$ 的文件块 |
| $\sigma_{x(z)}$ | $bl_{x(z)}^i$ 的大小 |

计算机网络中的延迟通常包括传输延迟（由于带宽引起的延迟）、传播延迟、排队延迟和处理延迟[5]。考虑上述 4 类延迟并建立延迟计算模型。在软件定义工业互联网中，用 $G$ 表示边缘层，它由 FBS 集合 $V$ 和链路（连接 FBS）集合 $E$ 构建。$e \in E$ 与积分带宽 $b(e)>0$ 和积分链路延迟 $d(e) \geqslant 0$ 相关联。用户 $u_x$ 的移动轨迹 $T_x$ 由源 $s$（由源 FBS $b_x^s$ 访问）和目标 $t$（由目标 FBS $b_x^t$ 访问）组成。沿着基于 FBS 的网络路径 $p_x = <b_x^s, b_x^1, b_x^2, \cdots, b_x^t>$，在边缘层中，$e_x = (b_x^i, b_x^{i+1}) \in p_x$ 是连接两个相邻的 FBSs $b_x^{i-1}$ 和 $b_x^i$。参考文献[5]和[6]，路径 $p_x$ 的带宽等于

$$f(b_x^s, b_x^t) = \sum_{e_x = (b_x^i, b_x^{i+1}) \in p_x} b(e_x) \tag{6.1}$$

因此，用带宽 $f(b_x^s, b_x^t)$ 上传大小为 $\sigma_{x(z)}^i$（与移动延迟敏感应用 $a_{x(z)}$ 相关）的文件所需的传输延迟（从 $b_x^s$ 到 $b_x^t$）为

$$d^*(b_x^s, b_x^t, \sigma_{x(z)}) = \frac{\sigma_{x(z)}}{f(b_x^s, b_x^t)} \tag{6.2}$$

传播延迟，即需要穿过路径 $p_x$ 的数据的路径延迟 $d(b_x^s, b_x^t)$ 可以通过以下公式计算：

$$d(b_x^s, b_x^t) = \sum_{e_x = (b_x^i, b_x^{i+1}) \in p_x} d(e_x) \tag{6.3}$$

对于 $p_x$ 中的每个 $b_x^i$，边缘计算单元的计算能力为 $g(b_x^i)$。显然，在 $b_x^i$ 处，对于 $a_{x(z)}$ 的排队延迟 $qd(b_x^s, b_x^t)$ 与分配给 $b_x^i$ 的文件大小成正比，即

$$qd(b_x^i, z) \propto \sigma_{x(z)}^i \qquad\qquad (6.4)$$

为了使其可量化，将 $\lceil \sigma_{x(z)}^i / g(b_x^i) \rceil$ 定义为 $b_x^i$ 处理文件大小为 $\sigma_{x(z)}^i$ 的时延。在 $b_x^i$ 处，最大排队延迟 $qd(b_x^s, z)$ 等于在处理 $b_x^i$ 中 $a_{x(z)}$ 到达之前的所有数据（与每个 MN 的应用相关）的时间。因此，$qd(b_x^s, z)$ 可以计算为

$$qd(b_x^i, z) = \sum_{\alpha = 1,2,\cdots,x-1} \sum_{\beta = 1,2,\cdots,z-1} \left\lceil \frac{\sigma_{x(\beta)}^i}{g(b_\alpha^i)} \right\rceil \qquad\qquad (6.5)$$

需要注意的是，FBS 的处理顺序遵循 FIFO（first in first out，先进先出）策略。此外，为了对 $a_{x(z)}$ 进行分布式计算，$p_x$ 中的每个 $b_x^i$ 都分配有大小为 $\sigma_{x(z)}^i$ 的文件块 $bl_{x(z)}^i$，其中 $\sum \sigma_{x(z)}^i = \sigma_{x(z)}$。根据 FBS 在 $p_x$ 中的顺序对文件块上传进行排序，即只有当 $bl_{x(z)}^{i-1}$ 的上传完成时，才能上传 $bl_{x(z)}^i$。按照路径 $p_x$ 从 $b_x^s$ 到 $b_x^t$ 所花费的时间，也就是将 $bl_{x(z)}^i$ 上传到传输通道的传输延迟（从 $b_x^s$，到 $b_x^t$）为

$$\mathrm{tr}(b_x^s, b_x^t, \sigma_{x(z)}) = \sum_{\alpha = s,1,\cdots,i} d^*(b_x^s, b_x^t, \sigma_{x(z)}) \qquad\qquad (6.6)$$

参考附录 A 中的证明 2，获取基于 $bl_{x(z)}^i$ 的子结果所需的时间可以计算为

$$\Gamma(b_x^s, b_x^t, \sigma_{x(z)}^i) = d(b_x^s, b_x^t) + tr(b_x^s, b_x^t, \sigma_{x(z)}^i) + qd(b_x^i, z)$$
$$+ ad(b_x^i, z) \left\lceil \frac{\sigma_{x(z)}^i}{g(b_x^i)} \right\rceil + \left\lceil \frac{\rho_{x(z)}^i}{f(b_x^i, b_x^t)} \right\rceil, i \neq s, t \qquad (6.7)$$

如果在 $b_x^s$ 处请求 $a_{x(z)}$，按照路径 $p_x$ 在 FBSs 之间移动，并且能在 $b_x^t$ 处访问。在式（6.7）中，在 $b_x^s$ 处的处理时延为 $\lceil \sigma_{x(z)}/g(b_x^i) \rceil$，$\rho_{x(z)}^i$ 是在 $b_x^s$ 处计算的子结果的大小，而 $\lceil \rho_{x(z)}^i / f(b_x^s, b_x^t) \rceil$ 是在从 $b_x^s$ 到 $b_x^t$ 的路径上，上传 $\rho_{x(z)}^i$ 的延迟。从式（6.7）可以推测，如果仅采用路径 $p_x$ 的 FBSs 来执行分布式边缘计算，则 $u_x$ 访问 $a_{x(z)}$（与文件大小 $\sigma_{x(z)}$ 有关）所需的整个时间 $F(p_x, \sigma_{x(z)})$ 为

$$F(p_x, \sigma_{x(z)}) = \max\{\Gamma(b_x^s, b_x^t, \sigma_{x(z)}^s), \Gamma(b_x^s, b_x^t, \sigma_{x(z)}^l), \cdots, \Gamma(b_x^s, b_x^t, \sigma_{x(z)}^t)\} \quad (6.8)$$

当考虑沿多条基于 FBS 路径的 FBSs 时，即有一个针对 $u_x$ 的路径集 $p_x$，且 $p_x(j) \in P_x, j = 1,2,\cdots,|P_x|$ 将分配一个 $\sigma(j)_{x(z)}$ 单位大小的文件块，其中 $\sum \sigma(j)_{x(z)} = \sigma_{x(z)}$。在这种情况下，访问 $a_{x(z)}$ 所需的总时间为

$$\gamma(P_x, \sigma_{x(z)}) = \max\{F(p(1)_x, \sigma(1)_{x(z)}), F(p(2)_x, \sigma(2)_{x(z)}), \cdots, F(p(|P_x|)_x, \sigma(|P_x|)_{x(z)})\} \quad (6.9)$$

### 6.2.2　混合调度算法

为了优化包括数据传输和块分配模型在内的调度模型，提出了 LP 表达式，如式（6.10）所示，其中第 1 行是优化表达式，第 2 行是约束条件。式（6.10）旨在寻求一种调度，以划分各个移动用户的延迟敏感应用的文件块，并沿着多个基于 FBS 的网络路径在 FBS 之间分配文件块，使得整个成本最小化。

$$\min \sum_{u_x \in U} \sum_{a_{x(z)} \in A_x} \gamma(P_x, \sigma_{x(z)})$$

$$\text{s.t.} \quad \gamma(P_x, \sigma_{x(z)}) \leqslant \tau, \forall u_x \in U, a_{x(z)} \in A_x \tag{6.10}$$

此外，应该说明的是，本章提出的方法旨在分配文件块和数据传输资源，从而为解决 MTVS 问题提供理想的方案，不考虑对延迟敏感的应用的优先级，即所有文件块都具有相同的优先级。且在每个 FBS 处，与不同应用相关的文件块可以被视为一个统一的文件块，即分配的文件块可以叠加在一个 FBS 处。

为了解决 MTVS 问题，提出了一种混合调度（包括本地调度和边缘调度）算法——hybridS 算法，具体如算法 6.1 所示。当 MN 本身能够支持延迟敏感的移动应用时，执行本地调度。否则，将执行边缘计算调度，即所提出的基于边缘计算的方法。在算法 6.1 的第 1～7 行描述了本地调度的阶段。第 1～2 行遍历每个 MN 的每个延迟敏感应用。第 3 行确定是否可以在时延限制内访问延迟敏感应用。第 4 行执行本地调度，并将本地处理的应用与 $A_x$ 分离。第 8～19 行针对无法本地访问的延迟敏感应用，执行提出的基于边缘计算的方法。第 8～9 行启发式地为 $u_x \in U$ 寻找可用的基于 FBS 的路径（受 $k_{\max}$ 限制）直到 MTVS 问题得到解决。

---

1 **for** $u_x \in U, x = 1, 2, \cdots, |U|$ **do**

2    **for** $a_{x(z)} \in A_x, z = 1, 2, \cdots, |A_x|$ **do**

3      **if** $a_{x(z)}$ 可以在其对应的 MN 的 $\tau$ 范围内被处理 **then**

4        在其对应的 MN 处理 $a_{x(z)}$，并从 $A_x$ 处移除 $a_{x(z)}$；

5      **end if**

6    **end for**

7 **end for**

8 **for** $k = 1, k < k_{\max}$ **do**

9    **for** $u_x \in U, x = 1, 2, \cdots, |U|$ **do**

10      预测 $u_x$ 的移动轨迹 $T_x$ 和时间 $\tau$ 后的可访问的 FBS 节点 $b_x^t$；

11      基于 FBS 的网络模型 $G$，计算 $u_x$ 的第 $k$ 条最短 $s-t$ 路径，并将其放入 $P_x$；

12    **end for**

13    **if** 基于 $P_x, x = 1, 2, \cdots, |U|$，可以解决式（6.10）中的 LP 公式 **then**

14      为 $u_x \in U, x = 1, 2, \cdots, |U|$ 部署分布式计算和 TE 策略；

15      **Break**；

16    **else**

17      $k \leftarrow k + 1$.

18    **end if**

19 **end for**

算法 6.1 hybridS 算法

---

MTVS 问题可以通过算法 6.1 中的以下步骤来解决。首先，第 10 行预测 $u_x$ 的移动

轨迹 $T_x$ 和在时间 $\tau$ 之后可访问的 FBS 节点 $b_x^t$。然后，第 11 行通过调用 $k$ 次最短路径算法计算 $u_x$ 的第 $k$ 条最短 $s$-$t$ 路径。式（6.10）中 LP 的最优解将产生分布式计算解决方案以及相应的 TE 策略。因此，第 13 行中如果式（6.10）中的 LP 可以解决，将停止迭代，并在第 14 行部署策略。否则，将进行下一次迭代。

### 6.2.3 算法示例

彩图 6.4

本节使用图 6.4 所示的算法示例来说明所提出的用于解决 MTVS 问题的 hybridS 算法的步骤。

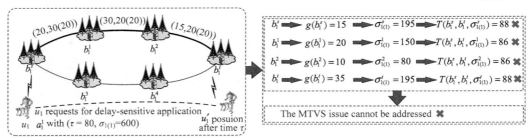

（a）步骤 1

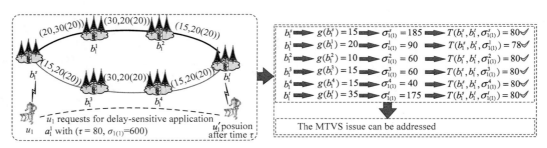

（b）步骤 2

图 6.4　hybridS 算法示例

在图 6.4 中，基于 FBS 的网络中的每个链路都具有"链路-延迟，带宽"对，并且网络中的所有特征都由积分值表示。考虑一个简单的情况，可以通过两个步骤来解决，如图 6.4（a）所示。特别地，当满足路径上的 FBS 处的数据处理的时间约束时，优化每个 FBS 处的数据分布的方差以实现负载平衡和简单优化，而不是全局优化延迟。在图 6.4（a）中，$u_1$ 请求一个延迟敏感应用 $a_1^1$（$\tau$=80，$\sigma_1(1)$=600）。首先，通过验证本地计算单元解决 MTVS 问题的可行性（在算法 6.1 的第 3 行），解决 MTVS 问题需要 120 个单位的时间，也就是需要调用分布式边缘计算方案（在算法 6.1 第 8~19 行中）以进行进一步处理。通过执行算法 6.1 的第 10 行，可以推测 $u_1$ 处于图 6.4（a）所处的位置中，并由 $b_1^t$ 访问。然后调用第 11 行的 $k$ 次最短路径算法（$k$=1），得到第一条最短路径 $p_1(1) = \langle b_1^s, b_1^1, b_1^2, b_1^t \rangle$ 且 $P_1$ 中的 $d(p_1(1)) = 65$，如图 6.4（a）中所示的红色路径。如图 6.4（a）的右侧所示，即使执行了针对每个 FBS 的最佳网络资源分配，也不能解决 MTVS 问题（至少需要 88 个时间单位）。结果，第 8~19 行的另一个循环需要以 $k$=2 执行。在第二轮中，得到 $p_1(2)=<b^s{}_1,b^3{}_1,b^4{}_1,b^t{}_1>$，在 $P_1$ 中 $d(p_1(2))=70$，如图 6.4（b）所示的粗体路径。这一次，可以通过采用分配策略来解决 MTVS 问题，如图 6.4（b）右侧所示。需要注意的是，图 6.4（a）和（b）中的积分值是每个链路的实际分配带宽。此外，在优化过程中，分配给每个 FBS 的文件块的总和略大于 $\sigma_1(1)=600$（分别为 620 和 610），因为采用传输延迟的最大幅度来优化等式（6.10）中的 LP。

## 6.3  仿 真 验 证

本节展示了一些模拟结果来评估所提出的解决 MTVS 问题的方法的性能。所有统计结果均以 95% 的置信区间获得，对基于 FBS 的网络 $G$ 的 Erdös-Rényi(ER)[7] 拓扑进行了模拟，每个拓扑都具有 $\lg|V|$ 链接概率。值得注意的是，$e\in E$ 的 $d(e)$ 是在 5 到 10 个单位之间随机设定的，$b(e)$ 是在 10 到 15 个单位之间随机设定的，而每个 FBS 或每个移动节点的计算能力值是在 10 到 30 个单位之间随机设定的。本章使用 Python 对所有算法进行编程，使用 Pulp[7] 来解决 LP 问题，并使用 Networkx 库[8]在具有 8GM 内存的 Intel(R) Corei7-8565U1.8GHz 机器上生成 ER 拓扑。首先测试支持 SDN 的网络架构的集中管理能力，然后测试提出的算法。

实验场景如图 6.5 所示。

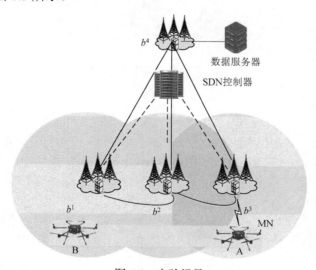

图 6.5  实验场景

### 1. 集中管理能力测试

为了展示支持 SDN 的网络架构的集中管理能力，采用 mininet-Wi-Fi[9]来模拟图 6.5 中的实验场景。利用流量控制（traffic control，TC）对有线链路和 ONOS v1.3.0 进行建模。MN（基于普通移动主机）和 FBS（基于 Open vSwitch）之间的通信使用 IEEE 802.11b 协议。所有的 FBS 都在 SDN 控制器的控制范围内。假设 MN 向箭头方向移动，并分别向 $b_3$、$b_2$ 和 $b_1$ 请求数据服务，提供 10Mb/s 的基于 UDP 的连续 H.265 视频流。需要说明的是，在现有的实验环境下，Open vSwitch 不能提供额外的计算能力，1.3 版本的 Open Flow 队列只能提供带宽聚合或限制。因此，只评估调度数据传输的集中管理能力。实验部署了文献[10]中提出的被动域内移动性管理策略并测试了 MN 的数据包丢失和视频流的带宽。

当 MN 在 30 个时间单位内从 A 移动到 B 时，MN 的丢包率和吞吐量测试结果如图 6.6 所示。从图 6.6 可以看出，即使 MN 的服务在不同的 FBS 之间切换时发生丢包，MN 也能获得连续的视频服务。测试结果还表明，在边缘计算平台中引入 SDN 技术在工业网络中执行连续移动服务方面是有效的。

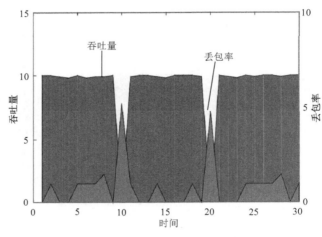

彩图 6.6

图 6.6　丢包率和吞吐量测试结果

2. 成功率测试

首先将 hybridS 与 4 个现有策略（onePath、OP、localPro 和 PSOGT）进行比较来测试解决 MTVS 问题的成功率。onePath 利用 hybridS 相同的优化移动数据传输和计算模型，但只考虑一条基于 FBS 的路径；localPro 只在 MN 本地处理移动应用，不考虑应用的移动功能；OP 和 PSOGT 分别利用文献[4]和[11]中提出的方法。图 6.7 显示了当 $k_{max}=15$、$|A_x|=1$ 时的成功率比较结果。生成 100 个 ER 拓扑，并为每个生成的 ER 拓扑随机选择 $|U|=3$ 的移动用户。每个移动用户只请求一个对延迟敏感的工业应用（$\tau=30$ 个单位，文件大小在 320～700 个单位之间随机设置）。此外，假设在 $b_x^s$ 处获得的子结果的大小 $\rho_{x(z)}^i$ 等于分配给 $b_x^s$ 的文件的大小 $\sigma_{x(z)}^i$，即 $\rho_{x(z)}^i = \sigma_{x(z)}^i$。每个节点的计算能力是在 10～30 个单元之间随机指定的。如图 6.7 所示，作为整体，成功率随着文件的减小而增加。这是由于当时间约束固定时，小文件相关的 MTVS 问题被解决的概率更高，算法成功率也随着节点数量的增加而增加。这可能是由于大规模的网络拓扑将为基于 FBS 的网络路径提供较小的路径延迟，这将减少处理文件的总延迟。hybridS 算法性能在其中表现最好，因为 hybridS 利用基于多个基于 FBS 的网络路径的分布式计算范例来提高网络资源的利用率。可以看到，图 6.7（a）中的 onePath 和图 6.7（d）中的 PSOGT 可以获得比 OP（图 6.7（b））和 localPro（图 6.7（c））更高的成功率，这也表明 hybridS 在 FBS

上分配任务的想法在解决 MTVS 问题方面更有效。onePath 和 PSOGT（在图 6.7（b）中）的性能是相似的。由此可以推断，在 PSOGT 中把计算任务迁移到执行时间较短的计算单元的想法，在某些时候可以有效地解决 MTVS 问题，即使 PSOGT 只能解决任务层面的问题。此外，本章还使用|U|和 $\tau$ 测试成功率，而每个 ER 拓扑中的节点数设置为 10。图 6.8（a）显示了|U|与解决 MTVS 问题的成功率之间的关系，可以看到成功率随着|U|的增加而降低，并且 hybridS 表现最佳。由于移动用户的增加，这意味着某些重要的 FBS 的排队延迟更大，这将减慢数据处理速度。图 6.8（b）通过测试不同方案解决 MTVS 问题时的时间限制 $\tau$ 的成功率。较大的 $\tau$ 将为解决 MTVS 问题提供更高的概率，这也是合理的。

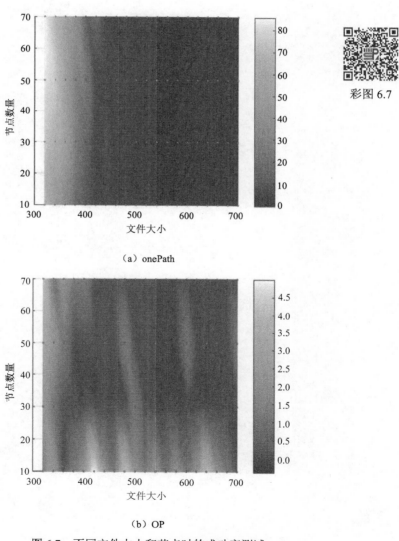

彩图 6.7

（a）onePath

（b）OP

图 6.7　不同文件大小和节点时的成功率测试

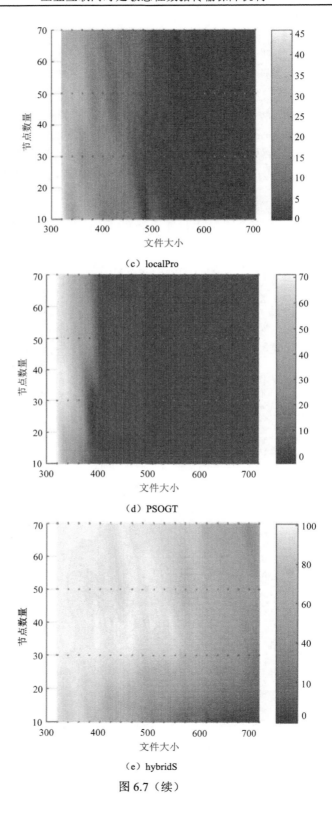

（c）localPro

（d）PSOGT

（e）hybridS

图 6.7（续）

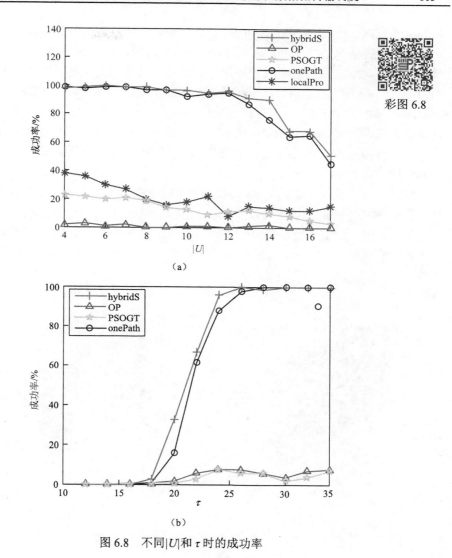

彩图 6.8

图 6.8　不同 |U| 和 τ 时的成功率

### 3. 网络成本消耗测试

下面通过评估不同算法在解决 MTVS 问题时消耗的网络成本，以证明 hybridS 算法的性能。图 6.9 展示了网络成本测试的结果，其中节点数设置为 20，τ 设置为 30 个单位。消耗的延迟定义为移动用户访问移动应用的延迟。e-cost 旨在评估整个网络解决 MTVS 问题所需的时间。e-cost 由下式计算：

$$\text{e-cost} = \sum_{\text{for any ad}(b_x^i, z)=1, u_x \in U, a_{x(z)} \in A_x} \left\lceil \frac{\sigma_{x(z)}^i}{g(b_x^i)} \right\rceil \qquad (6.11)$$

从图 6.9（a）可以看到，e-cost 随着文件大小的增加而增加，hybridS 和 PSOGT 成本较高。这是因为本章提出的混合调度策略和 PSOGT 都是基于分布式边缘计算范式，处理大文件需要更多时间。对于图 6.9（b）中的消耗延迟测试，可以看到执行策略时消耗的延迟更高。这是因为所测试的结果基于置信区间为95%的统计数据。混合调度策略采用启发式方法来寻找可用的基于FBS的网络路径，直到MTVS问题得到解决。也就是说，混合调度策略可以利用刚好足够的网络资源来满足移动应用的延迟要求。因此，混合调度策略消耗延迟略大于其他比较方案的延迟。虽然本章比较的方案（onePath、localPro、OP和PSOGT）有时可以减少消耗的延迟并提高QoE，但它们解决问题的成功率非常低。此外，还可以推断，这几个方案将需要额外的网络资源来解决MTVS问题，从而导致资源浪费。图6.9（a）和（b）所示结果证明混合调度策略可以充分利用网络资源，即使需要更多的延迟。

此外，为了准确评估hybridS的执行效率，还进行了一些额外的功能测试。首先，测试基于FBS的网络路径的平均数量，即$k$。实验参数的设定与上述实验中的参数类似，在图6.9（c）中，给出了当$\tau=25$时$k$的测试结果。很明显，$k$随着$|U|$的增加而增加。这是因为更多的移动用户意味着需要访问更多的移动应用，即需要消耗更多的网络资源。

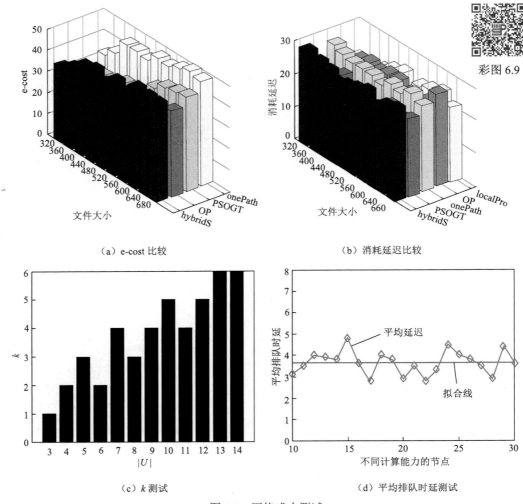

彩图6.9

（a）e-cost比较　　　　　　　　　　　　（b）消耗延迟比较

（c）k测试　　　　　　　　　　　　（d）平均排队时延测试

图6.9　网络成本测试

之后，由于本章提出的混合调度算法是基于数据级分配策略的，还测试了在采用 hybridS 解决 MTVS 问题时，具有不同计算能力的节点的最大排队延迟。图 6.9（d）展示了排队延迟的测试结果（文件大小限制为 400 个单位，$\tau$=30）。从图 6.9（d）可以看出，排队延迟并没有随着计算能力的增加而增加，这表明混合调度算法可以有效地分配文件并平衡延迟和文件分配，即使施加了延迟约束。图 6.9 的结果表明，混合调度算法不仅可以充分利用网络资源，而且可以平衡 FBS 之间的计算任务。

### 4. 运行复杂性测试

本节还测试了 hybridS 的运行复杂性，每个应用的文件大小统一设置为 150 个单元。如图 6.10 所示，所有策略的平均运行时间随|U|而增加。除 PSOGT 外，其他 4 个策略与 $\tau$ 没有密切关系。显然，PSOGT 的运行时间比其他 4 个要长，在这种情况下，基于粒子群优化的方法会花费更多的运行时间。总体而言，因为需要在式（6.10）中重复处理 LP 公式，所以 hybridS、onePath 比 localPro、OP 复杂一些。

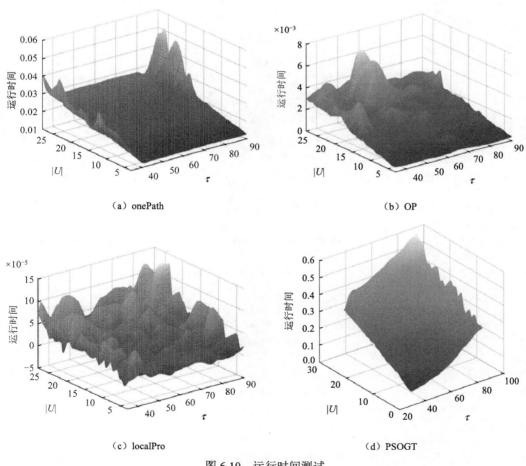

（a）onePath

（b）OP

（c）localPro

（d）PSOGT

图 6.10　运行时间测试

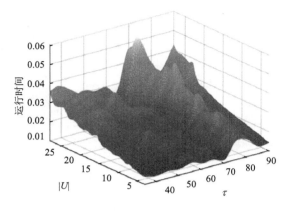

彩图 6.10

（e）hybridS

图 6.10（续）

# 本 章 小 结

　　本章提出了一种分布式移动边缘计算方案，用于调度工业网络中的移动延迟敏感应用。利用 SDN 技术将工业网络分为网络层、边缘层和控制层，实现了可扩展的网络控制。基于所提出的网络架构，对工业网络中延迟敏感的数据调度问题进行了深入研究，并定义了 MTVS 问题。本章提出在数据级处理延迟敏感的应用，并提出一种移动分布式边缘计算方案，该方案可以将数据沿着边缘层的多条路径分布在边缘计算单元上。本章研究了分布式移动边缘计算方案下的传输和计算模型，并使用 LP 构建最优的数据分布模型。基于所提出的方案，提出了一种有效的混合调度算法 hybridS 来解决 MTVS 问题。

## 参 考 文 献

[1] NING Z, XIA F, ULLAH N. Vehicular social networks: Enabling smart mobility[J]. IEEE Communications Magazine, 2017, 55(5): 16-55.

[2] TANG F, FADLULLAH Z M, MAO B. An intelligent traffic load prediction-based adaptive channel assignment algorithm in SDN-IoT: A deep learning approach[J]. IEEE Internet of Things Journal, 2018, 5(6): 5141-5154.

[3] YE Q, LI J, QU K. End-to-end quality of service in 5G networks: Examining the effectiveness of a network slicing framework[J]. IEEE Vehicular Technology Magazine, 2018, 13(2): 65-74.

[4] WANG Z, ZHAO Z, MIN G. User mobility aware task assignment for mobile edge computing[J]. Future Generation Computer Systems, 2018, 85: 1-8.

[5] XUE G. Optimal multichannel data transmission in computer networks[J]. Computer Communications, 2003, 26(7): 759-765.

[6] SHEN X, ZOU D, DUAN N. An efficient fitness-based differential evolution algorithm and a constraint handling technique for dynamic economic emission dispatch[J]. Energy, 2019, 186: 115801.

[7] PULP. http://www.coin-or.org/PuLP/index.html.

[8] Networkx. https://networkx.github.io/.

[9] WANG W, CHEN J, WANG J. Trust-enhanced collaborative filtering for personalized point of interests recommendation[J]. IEEE Transactions on Industrial Informatics, 2019, 16(9): 6124-6132.

[10] BI Y, HAN G, LIN C. Mobility management for intro/inter domain handover in software-defined networks[J]. IEEE Journal

on Selected Areas in Communications, 2019, 37(8): 1739-1754.

[11]　WANG X, ZHONG X, LI L. PSOGT: PSO and game theoretic based task allocation in mobile edge computing[C]// 2019 IEEE 21st International Conference on High Performance Computing and Communications; IEEE 17th International Conference on Smart City; IEEE 5th International Conference on Data Science and Systems (HPCC/SmartCity/DSS). Zhangjiajie: IEEE, 2019: 2293-2298.

# 第 7 章　面向无人机辅助的工业互联网时延敏感性数据流传输调度

众所周知，工业无线传感器网络（industrial wireless sensor network，IWSN）已经在各个领域得到了广泛的推广和应用，已从智慧矿山、智慧城市、智慧海洋、智慧工厂，推广到智慧农业领域[1-2]。IWSN 的特点使它能够协调所有数据监控单元以完成共同监控目标。对于农业行业而言，IWSN 可以利用其分布式部署的传感器监控多种农业信息，如土壤成分、温度、pH 等，然后将数据传输到集中计算单元（如边缘计算平台），以便可以有效地确定农业管理方案[3]。此外，近年来，机器人和人工智能技术的飞速发展推动了智慧农场技术的发展。例如，在农田等开放环境中，部署智能无人机（unmanned aerial vehicle，UAV）将 IWSN 升级为 UAV 辅助的 IWSN，即 UAV-IWSN，为实施智能数据收集提供了一个可行且经济有效的方案[4]。本章阐述如何利用 UAV 技术提升 IWSN 在智慧农场中的数据收集效率。

## 7.1　网　络　架　构

### 7.1.1　UAV-IWSN 架构

本章从物联网框架视角介绍基于 UAV-IWSN 的智能农场构建方案。如图 7.1 所示，UAV-IWSN 架构由 UAV 和一系列无线监控传感器组成。首先这些传感器被划分到不同的簇中，负责不同的农业监测任务，例如，土壤湿度/酸度、温度、空气成分、能源状态检测等；然后，安排预先配置的可充电 UAV 飞过每个传感场，而不是使用主动数据路由来收集和监控基站的数据；最后，UAV 将数据上传到数据中心，在数据中心自动计算/分析数据，并自适应调整农业管理策略，例如，灌溉水平和饲料养分含量等。

在 UAV-IWSN 架构中，将传感器节点划分为不同的簇，每个簇由一个簇头管理。假如在 UAV-IWSN 中，共有 $q$ 个普通节点，分别表示为 $v_1, v_2, \cdots, v_q$，而 $p$ 个簇头表示为 $ch_1, ch_2, \cdots, ch_p$，分别与簇 $c_1, c_2, \cdots, c_p$ 相关。用符号

$$S(v_i) = c_x \tag{7.1}$$

表示普通节点 $v_i$ 属于簇 $c_x$。然后用

$$W(c_x) = \{v_i \mid S(v_i) = c_x\} \tag{7.2}$$

表示簇 $c_x$ 中的所有节点或 $c_x$ 簇的节点集。

UAV-IWSN 的体系结构具有以下特性：

（1）簇头配备了高性能电池、数据存储和通信组件，比普通节点更昂贵。因此，UAV-IWSN 架构中，簇头的数量只占很小的百分比。

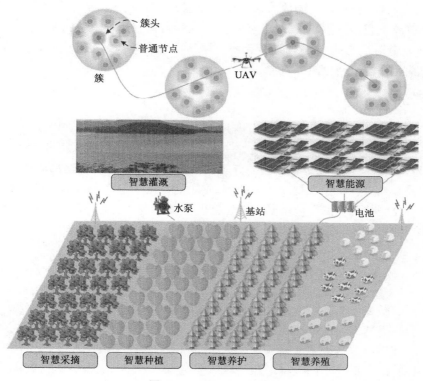

图 7.1 UAV-IWSN 架构

（2）每个普通节点被分配给一个专属簇，在簇头的管理下执行数据收集。为了提高能量利用率，所有普通节点将其收集的数据转发给簇头，而不是直接与 UAV 通信。

（3）簇头存储收集数据并等待数据上传，UAV 根据预先部署的数据收集策略，从簇头处执行非实时数据收集。

（4）一旦确定并部署簇，每个簇的特征（如位置、每个节点的簇头）就会保持不变。在簇 $c_x$ 中，传感器之间的通信范围由阈值 $r$ 施加（同时考虑能量消耗、分组丢失率等因素来确定），并且数据可以通过利用基于 $c_x$ 派生的生成树 $G_x(V_x, E_x)$ 的多跳路由算法转发到 $ch_x$。在 $G_x(V_x, E_x)$ 中，节点集 $V_x = W(c_x) \bigcup ch_x$，如果 $v_i$ 和 $v_j$ 之间的距离不超过 $r$，则相应的边为 $e_{ij} = <v_i, v_j> \in E_x$。

### 7.1.2 能量消耗模型

根据文献[5]中的能耗模型，分别使用式（7.3）和式（7.4）来计算发送和接收 $n$ 位数据时的能耗。

$$C_s(n,r) = \begin{cases} n(\theta_{fs} r^2 + C_a) & r < R \\ n(\theta_{mp} r^4 + C_a) & r \geqslant R \end{cases} \tag{7.3}$$

$$C_r(n) = nC_a \tag{7.4}$$

其中，在式（7.3）中，$\theta_{fs}$ 和 $\theta_{mp}$ 都表示发送功率系数；$\theta_{fs} r^2$ 和 $\theta_{mp} r^4$ 分别表示当发送放

大器以不同模式工作时，发送放大器在通信范围 $r$ 内发送一位数据所消耗的能量，因此能耗主要取决于通信范围和接收的误码位；$R$ 表示自由空间模型中的距离阈值。式（7.3）和式（7.4）中的 $C_a$ 表示激活发送或接收电路所消耗的能量。上述变量都是根据物理电子元件的真实特征所确定的。

### 7.1.3　问题描述

图 $G(V,E)$ 表示一个部署在智能农场开放区域的 UAV-IWSN，其中 $V$ 是节点集（包括普通节点和簇头），$E$ 是潜在的边集。基于网络模型，提出的最优数据收集（optimal data collection，ODC）问题旨在定义合适的分簇和数据收集方法以最小化总能耗。之后，ODC 问题还需要寻找一种路径规划算法来调度 UAV 的数据收集路径，从而使 UAV 的能耗最小化。由于监测传感器的广泛部署、传感器的不可充电特性等原因，所研究的 ODC 问题在实际工业农业监测系统中非常普遍。

## 7.2　基于 Hybrid CS 的预分簇策略

为了提高数据收集效率并降低能耗，所提出的策略采用了压缩感知技术，并提出利用新型混合压缩感知方法来解决信号采集问题。通过混合压缩感知技术，在每个簇中普通的感知节点可以分为未压缩节点和压缩节点。作为中间节点，压缩节点不仅可以按照预设的路由算法传输收集的数据，还可以压缩遍历和回溯它们收集到的数据。图 7.2 所示为基于分簇的压缩感知模型，假设给定的基于簇的生成树中的节点均匀分布在 $N×N$ 平方区域，其中簇头位于右下角，绿色的节点是压缩节点。数据沿着最短路径（以跳数为单位）转发，即按照蓝色箭头的顺序转发。每个节点将产生一个数据单元，图 7.2 中蓝色箭头中的值表示穿过链路的数据总数。例如，节点 $v_{1,1}$、$v_{1,2}$ 和 $v_{2,1}$ 各自将一个单位的数据传输到 $v_{2,2}$，然后 $v_{2,2}$ 将 4 个单位的数据传输到 $v_{3,3}$。假设混合压缩感知机制是从 $v_{i,i}$ 执行的，$i^2$ 单位的压缩数据将在簇头处被获取。此外，压缩结果取决于压缩比或数据的稀疏性。

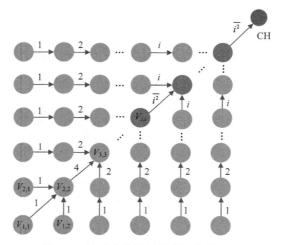

彩图 7.2

图 7.2　基于分簇的压缩感知模型

## 7.3　数据收集策略

### 7.3.1　精确的数据传输收集策略

对于给定的簇 $C_x$，$\gamma_x$ 和 $D_x$ 分别表示 $C_x$ 的数据压缩比和收集数据的规模。因此，压缩数据的规模可以表示为

$$\sigma_x = \frac{D_x}{\gamma_x} \tag{7.5}$$

根据对 ODC 问题的描述可以推断，不同的节点分簇方案将导致不同的生成树，并具有不同的压缩比。下面给出解决 ODC 问题的精确表达式。

$e_{ij}$ 代表生成树 $G_x(V_x, E_x)$ 中节点 $v_i$ 和 $v_j$ 之间的潜在链接，$n_{ij}$ 为通过 $e_{ij}$ 传输的数据。根据式（7.3）和式（7.4），通过链路 $e_{ij}$ 传输 $n_{ij}$ 个单位的数据的能量成本为

$$C(e_{ij}) = C_s(n_{ij}, d_{ij}) + C_r(n_{ij}) \tag{7.6}$$

$C_x$ 的能耗表示为

$$C(C_x) = \sum_{e_{ij} \in E_x} C(e_{ij}) \tag{7.7}$$

因此，整个网络消耗的全部能量是

$$C_{\text{all}} = \sum_{x=1}^{p} C(C_x) \tag{7.8}$$

通过遵循混合压缩采样理论，可以通过以下线性规划表达式来表示优化模型：

$$\min_{c_x} \quad C_{\text{all}} = \sum_{x=1}^{p} C(C_x)$$

$$\text{s.t.} \begin{cases} \sum_{j:e_{ij} \in E_x} n_{ij} \geqslant \sum_{k:e_{ki} \in E_x} (|\delta c_x| - \sigma_x) + \delta, \forall v_i \in C_x, \\ \sum_{j:e_{ij} \in E_x} n_{ij} \geqslant \sum_{k:e_{ki} \in E_x} (\sigma_x - \delta)\xi_i + \delta, \forall v_i \in C_x, \\ \sum_{j:e_{ij} \in E_x} \overline{n_{ij}} \geqslant \sum_{k:e_{ki} \in E_x} \overline{n_{ki}} + \frac{1}{|C_x|}, \forall v_i \in C_x, \\ m_{ij} \geqslant \overline{n_{ij}}, \forall e_{ij} \in E_x, \\ \sum_{e_{ij} \in E_x} m_{ij} = |c_x| - 1, \\ n_{ij} \geqslant m_{ij}, \forall e_{ij} \in E_x, \\ m_{ij} \geqslant \sigma_x^{-1} n_{ij}, \forall e_{ij} \in E_x, \\ S(v_i) = c_x, i = 1, 2, \cdots, q; x = 1, 2, \cdots, p, \\ W(C_x) = \{v_i \mid S(v_i) = C_x\} \end{cases} \tag{7.9}$$

其中，$m_{ij} \in \{0, 1\}$ 表示 $G_x(V_x, E_x)$ 中的 $e_{ij}$ 是否代表连接普通节点和 $ch_x$ 的最后一条链路；$\xi_i \in \{0, 1\}$ 是中间节点 $v_{ij}$ 的指示符变量；$|C_x|$ 表示簇 $C_x$ 中的节点数；$\overline{n_{ij}}$ 或 $\overline{n_{ki}}$ 表示可视链

路上的流（表示两个相邻节点的连接）。式（7.9）实际上是传统最小成本流问题的扩展。式（7.9）旨在通过构造生成树（即 $C_x$, $x=1,2,\cdots,p$ ）将节点聚集在一起，以最小化整个能耗。特别是，这些约束给出了为 $C_x$, $x=1,2,\cdots,p$ 构建 $G_x$ 的规则。更详细地说，前两个约束保证了中间节点的流守恒，在中间节点进行数据压缩采样。约束条件 3～7 确保网络中每个链路上的流量为非负。最后两个约束防止节点（ $v_i$, $i=1,2,\cdots,q$ ）属于多个簇 $C_x$, $x=1,2,\cdots,p$ 。

此外，从式（7.9）可以看到，本章提出的精确方法是基于整数线性规划的问题解决方案，不能在多项式时间内求解。下面将介绍另外一种贪婪方法——一种近似最优的解决方案，以有效地解决 ODC 问题。

### 7.3.2　贪婪的数据传输收集策略

根据式（7.5）可知， $\gamma_x$ 越小，所需的 $D_x$ 越大，即需要收集更多的数据。因此，需要将更多数据转发到簇头，从而导致更多能耗。此外，根据式（7.3），更大的数据传输距离会导致能耗增加。因此，簇 $C_x$ 的能耗取决于两个因素：压缩因子 $\gamma_x$ 和普通节点 $v_i$ 与 $ch_x$ 之间的距离。

为了提高能耗效率，在提高簇 $C_x$ 的压缩比 $\gamma_x$ 的同时，应尽量减小 $r_{ix}$ 。为了将 $v_i$ 分配到一个近似最优的簇中，定义了平衡因子 $B(i,x)$ ，并用它量化将 $v_i$ 分配到现有簇 $C_x$ 中的效果：

$$B(i,x)=B_s(i,x)\rho+B_c(i,x)(1-\rho) \tag{7.10}$$

其中， $B_s(i,x)$ 是计算 $v_i$ 分配给簇 $C_x$ 时的数据稀疏性差； $B_c(i,x)$ 是计算 $v_i$ 和 $C_x$ 之间的归一化距离差； $\rho\in[0,1]$ 旨在规定 $B_s(i,x)/B_c(i,x)$ 的权重比例。

特别地， $B_s(i,x)$ 和 $B_c(i,x)$ 可分别由式（7.11）和式（7.12）计算：

$$B_s(i,x)=\frac{DD(i,x)}{\max\{|DD(:,:)|\}} \tag{7.11}$$

$$B_c(i,x)=\frac{r_{ix}}{\max\{r_{\alpha\beta},\alpha=1,2,\cdots,q;\beta=1,2,\cdots,p\}} \tag{7.12}$$

在式（7.11）中， $DD(i,x)$ 表示基于离散余弦变换（DCT）算法和数据压缩采样的数据稀疏性差， $\{r_{\alpha\beta},\alpha=1,2,\cdots,q;\beta=1,2,\cdots,p\}$ 表示分配给不同簇时的差值集。在式（7.12）中， $\{r_{\alpha\beta},\alpha=1,2,\cdots,q;\beta=1,2,\cdots,p\}$ 表示每个 $v_\alpha$ 和每个 $ch_\beta$ 之间的距离值集。

在式（7.10）中，当 $v_i$ 被分配给集群 $C_x$ 时， $\rho$ 指定 $v_i$ 的斜率。 $\rho$ 值越高， $v_i$ 越倾向于分配给压缩比越高的簇，否则更倾向于越靠近 $v_i$ 的簇。

在确定 $\rho$ 之后，选择最小化 $B(i,x)$ 的 $C_x$ 作为候选簇。因此，可以催生一种贪婪的解决 ODC 问题的方法，可以一次对一个节点进行分簇，直到 ODC 任务的分簇问题得到解决。然而，作为一种近似最优方案，基于计算 $B(i,x)$ 的最优方法有时可以获得多个局部最优解。下面提出一种基于混合分簇模式（包含上文提出的精确和贪婪方法）的分层数据收集方案。

### 7.3.3　混合数据传输收集策略

在 UAV-IWSN 中，所有计算操作（例如，基于 DCT 算法的数据稀疏性计算、构造生成树等）都在 UAV 上执行，因为它具有高性能计算和数据存储能力。算法 7.1 为一种用于执行节点分簇的混合优化方法 nodeCluster。在 nodeCluster 算法的第 1 行，$v_u$ 表示未分簇的节点集。nodeCluster 算法为 $v_i \in v_u$ 单独执行节点分簇，如第 2～11 行所示；首先，第 3～7 行贪婪地计算一组最优解。特别地，调用 LEACH 算法[6]对执行第一轮数据收集的节点进行分簇，从而可以计算每个簇的数据压缩比。然后，在第 9 行中，使用提出的精确方法选择一个可以最小化式（7.9）的解决方案。

---

输入：$v_u$

输出：节点分簇策略

1　初始化 $v_u$

2　**for**　$v_i \in v_u$　**do**

3　　**for**　$C_x$，$x = 1, 2, \cdots, p$　**do**

4　　　　根据式（7.10）～式（7.12），计算 $r_{ix}$，$\mathrm{DD}(i, x)$，$\max\{|\mathrm{DD}(:,:)|\}$，$\max\{|\mathrm{DD}(:,:)|\}$，$\max\{r_{\alpha\beta}, \alpha = 1, 2, \cdots, q; \beta = 1, 2, \cdots p\}$；

5　　　　计算 $B_s(i, x)$，$B_c(i, x)$，$B(i, x)$；

6　　**end for**

7　　计算 $ch_{\min}$ 可以最小化 $B(i, x)$；

8　　**if** $|ch_{\min}| \geqslant 2$**then**

9　　　　把 $v_i \in v_u$ 分配给簇 $C_m(ch_m \in ch_{\min})$，可以最小化式（7.9）；

10　　**end if**

11　**end for**

12　**return** 节点分簇策略

---

算法 7.1　nodeCluster 算法

从 nodeCluster 算法中可以看到 DCT 算法需要频繁调用，这占用了大部分运行时间。根据式（7.10），当 $r_{ix}$ 非常小或小于给定阈值时，$v_i \in v_u$ 优先分配给 $C_x$。利用这一特性，基于 nodeCluster 算法，提出了一种分层数据收集方案 hCollUAV，以提高数据收集效率，具体如算法 7.2 所示。在 hCollUAV 算法中，第 1～2 行为算法初始化阶段，第 4 行为 $v_i$ 构造 $ch_x$ 的序列 $Sq_i$。该序列是按照 $r_{ix}$，$x = 1, 2, \cdots, p$ 的升序排序构造的。例如，图 7.3（a）显示了 $v_2$ 的 $ch_x (i = 1, 2, \cdots, p)$ 序列 $Sq_2$ 的构造结果。然后，遵循算法 hCollUAV 的第 5 行，将 $v_i$ 分配给在 $Sq_i[0]$ 中标记的簇。在此之后，提出了一个分层节点分簇方案，如第 8～9 行所示。第 8 行将 $C_x$ 中的节点分为 $h$ 层，范围从 1 到 $r_{\max}$（计算方法见式（7.13））。例如，在图 7.3（b）中，$C_x$ 中的节点被划分为 $h$ 层：$C_x^1, C_x^2, \cdots, C_x^h$。通过根据实际场景指定 $\mu$，将 $C_x^\mu, C_x^{\mu+1}, \cdots, C_x^h (1 < \mu < h)$ 层中的节点分配给节点集 $v_u$。这导致 $v_u$ 中的节点通过调用 nodeCluster 算法执行节点再分簇，如第 11 行所示，这样可以提高节点分簇阶段的运行效率。然后，第 12 行通过调用 MECDA_GREEDY 算法[7]构造 $G_x(V_x, E_x)$，

$x = 1,2,\cdots,p$，每个簇中的数据遵循指定的混合压缩采样策略，并将数据沿着生成树转发到簇头。此外，假设 UAV 的功耗与路径长度成正比，考虑最短的数据收集路径（UAV 从源头出发，穿过每个簇头，然后返回源头），并将路径规划优化问题抽象为旅行推销员问题。因此，在第 13 行，可以选择 ACO 算法[8]作为候选方法，在考虑能耗效率的情况下，为 UAV 计算数据收集路径。

$$r_{\max} = \max\{r_{ix}, i = 1,2,\cdots,p\} \tag{7.13}$$

---

**输入**：$\mu$，$h$
**输出**：数据收集策略
1　UAV 负责每个节点 $v_i \in v_u$ 的状态；
2　初始化 $v_i \in v_u$ 的状态
3　**for** $v_i \in v_u$ **do**
4　　为节点 $v_i$ 构造 $Sq_i$；
5　　将 $v_i$ 分配给在 $Sq_i[0]$ 中标记的簇；
6　**end for**
7　**for** $C_x$，$x = 1,2,\cdots,p$ **do**
8　　基于 $r_{\max}$，把 $C_x$ 中的节点划分为 $h$ 层：$c_x^1, c_x^2, \cdots, c_x^h$；
9　　将 $c_x^\mu, c_x^{\mu+1}, \cdots, c_x^h (1 < \mu < h)$ 层中的节点分配给节点集 $v_u$；
10　**end for**
11　调用算法 7.1 对 $v_u$ 中的节点进行再分簇；
12　调用 MECDA_GREEDY 算法构造 $G_x(V_x, E_x)$，$x = 1,2,\cdots,p$；
13　调用 ACO 算法计算 UAV 的收集路径。

---

算法 7.2　hCollUAV 算法

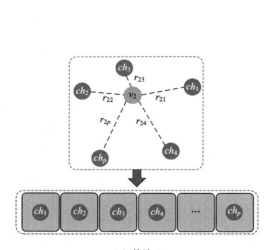

（a）构造 $Sq_i$

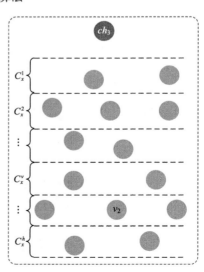

（b）节点层次化

图 7.3　节点层次化构造过程

# 7.4　仿 真 验 证

本节将给出仿真结果以评估所提出的解决 ODC 问题的方法的性能。首先测试了所提出的基于分层的分簇算法的性能，然后给出了对比实验结果。

仿真程序利用 Python 3.7 进行编写，假设 100 个节点（包含 $p$ 个簇头）随机分布在 2000m$^2$ 的二维区域中。节点之间的通信遵循 ZigBee 协议[9]，每帧的大小限制为 108 字节。每个节点上转发的数据都是浮点数（每个单元 4 字节）。所有簇都具有相同的压缩比。仿真参数如表 7.1 所示。

表 7.1　仿真参数设置

| 参数 | 描述 | 值 |
|---|---|---|
| $|V|$ | 节点数量 | 100 |
| $\theta_{fs}$ | 能量传输系数 | 11pJ/（bit·m$^2$） |
| $\theta_{mp}$ | 能量传输系数 | 0.00145pJ/（bit·m$^2$） |
| $C_a$ | 表示激活发送或接收电路所消耗的能量 | 65nJ/bit |
| $r$ | 节点通信范围 | 200m |
| $p$ | 簇的数量 | [5, 6, ···, 24] |
| $h$ | 层的数量 | [5, 6, ···, 24] |
| $R$ | 距离约束 | 240m |
| $\mu$ | 进行重新分簇的节点层 | [5, 6, 7, 8, 9] |
| $n_{ij}$ | 每个节点转发的数据量 | 40 |
| $\gamma_x$ | 每个簇的压缩率 | 50 |

图 7.4（a）显示了用 hCollUAV 将 100 个节点划分为 10 个簇时，能量消耗与 $h/\mu$ 之间的关系。由图 7.4（a）所示，当簇数固定时，$h/\mu$ 与能量消耗无关。如图 7.4（b）所

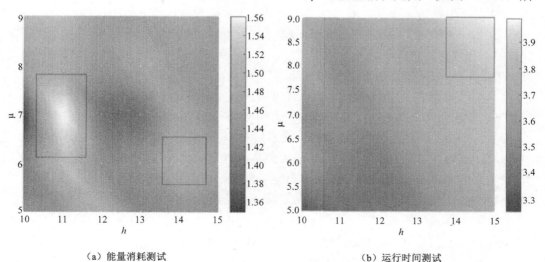

（a）能量消耗测试　　　　　　　　　　　　　　（b）运行时间测试

图 7.4　hCollUAV 测试

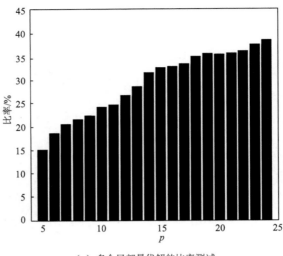

彩图 7.4

（c）多个局部最优解的比率测试

图 7.4（续）

示，与能耗测试不同，所提出方案的运行时间随着 $h/\mu$ 的增加而增加，尤其是 $\mu$。这是因为较大的 $\mu$ 增加了算法 7.1 的复杂性。为了证明 hCollUAV 的必要性，还测试了当贪婪方法最多迭代 80 次并且节点被分成 5～24 个簇时重复执行 200 次，贪婪过程获取多个局部最优解的概率。获取多个局部最优解的比率如图 7.4（c）所示，获取多个局部最优解的比率随着簇数量的增加而增加，即簇数量越多，潜在选项的数量就越多。

此外，还把 hCollUAV 与其他 5 种方案进行了比较：DSNO、DDS、EXNO、HNO，以及文献[10]中提出的方案。其中，DSNO 是一种不考虑数据压缩的方案；DDS 是一种只考虑普通节点和簇头之间距离的方案；EXNO 是一种基于精确方法决策过程的方法；HNO 是一种与分层节点分簇过程无关的方法。特别地，本章将文献[10]中的分簇方案称为 k-CL，它也忽略了数据压缩。首先，测试各种算法的能耗。

图 7.5（a）中的结果表明，hCollUAV 得益于分层混合分簇方案，并且与其他方法相比显示出更好的性能。此外，从图 7.5（a）中也可以看出，所提出的分层混合分簇方案中的数据压缩方法对能耗结果的影响最大。此外，图 7.5（b）中的运行时间测试结果也表明，hCollUAV 的分层节点分簇框架可以提高算法的运行效率，并且基于精确方法的决策过程占用了所提出方案中的大部分运行时间。

最后，利用本章提出的路径规划方案规划 UAV 的路径以测试路径规划效率。为了验证选择 ACO 算法来规划 UAV 的路径的必要性，将本章提出的方案，也就是基于 ACO 算法的方法与其他两种常规方案进行了比较：即基于模拟退火（SA）算法和基于自组织映射（SOM）算法的路径规划方案，尤其是在路径长度和运行效率方面。

将 48 个簇头坐标分布在 8000 $m^2$ 的二维区域内。48 个簇头坐标分别为 CH 1: (6734, 1453); CH 2: (2233, 10); CH 3: (5530, 1424); CH 4: (401, 841); CH 5: (3082, 1644); CH 6: (7608, 4458); CH 7: (7573, 3716); CH 8: (7265, 1268); CH 9: (6898, 1885); CH 10: (1112, 2049); CH 11: (5468, 2606); CH 12: (5989, 2873); CH 13: (4706, 2674); CH 14: (4612, 2035);

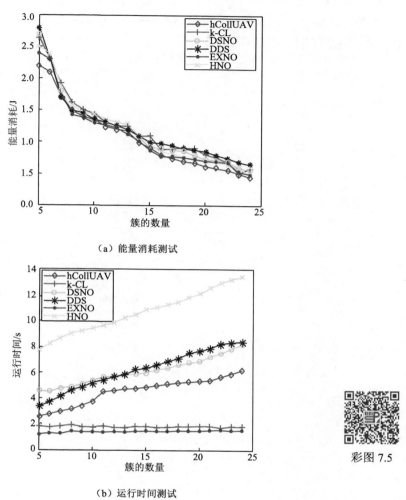

（a）能量消耗测试

（b）运行时间测试

图 7.5　能耗和运行时间比较

彩图 7.5

CH 15: (6347, 2683); CH 16: (6107, 669); CH 17: (7611, 5184); CH 18: (7462, 3590); CH 19: (7732, 4723); CH 20: (5900, 3561); CH 21: (4483, 3369); CH 22: (6101, 1110); CH 23: (5199, 2182); CH 24: (1633, 2809); CH 25: (4307, 2322); CH 26: (675, 1006); CH 27: (7555, 4819); CH 28: (7541, 3981); CH 29: (3177, 756); CH 30: (7352, 4506); CH 31: (7545, 2801); CH 32: (3245, 3305); CH 33: (6426, 3173); CH 34: (4608, 1198); CH 35: (23, 2216); CH 36: (7248, 3779); CH 37: (7762, 4595); CH 38: (7392, 2244); CH 39: (3484, 2829); CH 40: (6271, 2135); CH 41: (4985, 140); CH 42: (1916, 1569); CH 43: (7280, 4899); CH 44: (7509, 3239); CH 45: (10, 2676); CH 46: (6807, 2993); CH 47: (5185, 3258); CH 48: (3023, 1942)。分别利用上述算法规划 UAV 的路径进行数据收集，并计算路径长度和运行时间。图 7.6（a）所示为路径规划长度测试结果，基于 ACO 算法的路径规划方案表现最好，最接近最优解。同时，在图 7.6（b）中，可以看到，基于 ACO 算法的路径规划方案的运行时间随着簇头的数量增加而增加，并且当簇头的数量小于 18 时表现最佳。从图 7.6（b）可以看出，

ACO 的性能介于 SA 和 SOM 之间。综上所述，在本章的方案中，选择 ACO 算法作为 UAV 数据收集路径规划的候选方法。

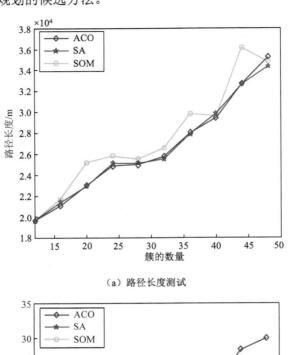

彩图 7.6

（a）路径长度测试

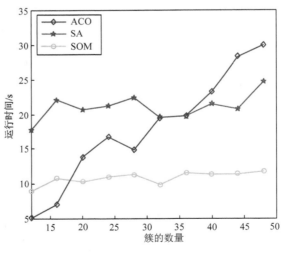

（b）运行时间测试

图 7.6　算法 ACO、SA 和 SOM 比较

　　此外，在图 7.7 中，还展示了利用基于 ACO 算法的路径规划方法，规划包含 4 个簇头的数据收集路径效果。这里假设数据收集从簇头 24 开始，沿着红色箭头的路径，即<24, 10, 42, 5, 48, 39, 32, 21, 13, 25, 14, 23, 11, 12, 33, 46, 15, 40, 9, 1, 8, 38, 31, 44,18, 7, 28, 36, 6, 37, 19, 27, 43, 30, 20, 47, 3, 22, 16, 41, 34, 29, 2, 26, 4, 35, 45>，可以被选择为近似最佳路径。图 7.7 中的结果也表明，hCollUAV 可以准确高效地规划 UAV 的数据收集路径，并且没有路径重复，从而使 ODC 问题得到高效解决。

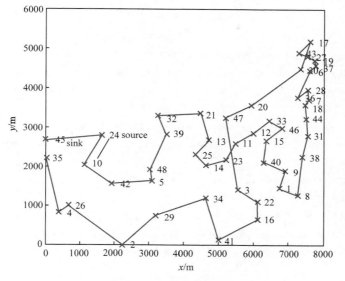

彩图 7.7

图 7.7　路径规划测试

# 本 章 小 结

　　本章采用了智慧农业的范例以实现农业数字化和自动化，提出一种基于 UAV-IWSN 农业监测系统的能量高效的层次化数据收集算法 hCollUAV。首先，为了提高基于 UAV-IWSN 的数据收集能效，引入了数据压缩采样和节点分簇的概念，实现了一种基于混合压缩技术的节点分簇策略。然后，基于所提出的节点分簇策略，提出了一种结合精确方法和贪婪方法的分层数据收集方案，通过将节点划分到不同的层，可以智能地匹配精确方法和贪婪方法。其中，对于精确方法，提出一种基于改进最小成本流问题的线性规划表达式，以抽象该问题的数学表达式；对于贪婪方法，引入了平衡因子，该因子由数据稀疏性和簇头到普通节点的距离组成。最后，优化 UAV 的数据收集路径。仿真结果表明， hCollUAV 能高效地收集数据并能为无人机规划能耗较低的路径。

## 参 考 文 献

[1]　HAN G J, WANG H, MIAO X, et al. A dynamic multipath scheme for protecting source-location privacy using multiple sinks in WSNs intended for IIoT[J]. IEEE Transactions on Industrial Informatics, 2019, 16(8): 5527-5538.

[2]　LIU L, HAN G J, HE Y, et al. Fault-tolerant event region detection on trajectory pattern extraction for industrial wireless sensor networks[J]. IEEE Transactions on Industrial Informatics, 2019, 16(3): 2072-2080.

[3]　MARTÍNEZ-GARCÍA M, ZHANG Y, GORDON T. Modeling lane keeping by a hybrid open-closed-loop pulse control scheme[J]. IEEE Transactions on Industrial Informatics, 2016, 12(6): 2256-2265.

[4]　ALCARRIA R, BORDEL B, MANSO M A, et al. Analyzing UAV-based remote sensing and WSN support for data fusion[C]// International Conference on Information Technology & Systems. Cham: Springer, 2018: 756-766.

[5]　HEINZELMAN W R, CHANDRAKASAN A, BALAKRISHNAN H. Energy-efficient communication protocol for wireless microsensor networks[C]// Proceedings of the 33rd Annual Hawaii International Conference On System Sciences. Maui:

IEEE, 2000: 8020.

[6]  CUI Z H, CAO Y, CAI X J, et al. Optimal LEACH protocol with modified bat algorithm for big data sensing systems in Internet of Things[J]. Journal of Parallel and Distributed Computing, 2019, 132: 217-229.

[7]  XIANG L, J LUO, VASILAKOS A. Compressed data aggregation for energy efficient wireless sensor networks[C]// 2011 8th Annual IEEE Communications Society Conference on Sensor, Mesh and Ad Hoc Communications and Networks. Salt Lake City: IEEE, 2011: 46-54.

[8]  LIU Y, MA J W, ZANG S F, et al. Dynamic path planning of mobile robot based on improved ant colony optimization algorithm[C]// Proceedings of the 2019 8th International Conference on Networks, Communication and Computing. New York: ACM, 2019: 248-252.

[9]  ABANE A, DAOUI M, BOUZEFRANE S, et al. Ndn-over-zigbee: A Zigbee support for named data networking[J]. Future Generation Computer Systems, 2019, 93: 792-798.

[10]  ABDERRAHIM M, HAKIM H, BOUJEMAA H, et al. A clustering routing based on dijkstra algorithm for WSNS[C]// 2019 19th International Conference on Sciences and Techniques of Automatic Control and Computer Engineering (STA). Sousse: IEEE, 2019: 605-610.

# 第8章　面向工业物联网数据传输的高能效联合功率分配和用户选择算法

　　本章着重研究工业物联网的资源分配问题，并提出了功率分配和用户选择的联合优化策略，以便在信道不确定的情况、最大传输功率和不同的 QoS 要求下，实现能效性能最大化。由于该问题属于非凸最小线性规划（non-convex MINLP）和 NP 难问题，没有实际的解决方案，所以可以利用分数规划的特性，将原始问题转化为凸优化，并进一步分解为次优问题。本章基于拉格朗日分解法和库恩-曼克尔斯（Kuhn-Munkre, KM）算法，提出了一种联合的高能效迭代算法，实现了最佳功率分配和最佳用户选择方案。仿真结果表明，所提出的算法是有效的，其能效性能得到了提高。

## 8.1　工业物联网模型

　　图 8.1 为移动工业物联网系统模型。其中，基站（BS）用单天线为 $M$ 个移动节点（MN）或用户服务。MN 以正交方式分配可用资源，每个 MN 最多只能选择一个 BS，在连续的时间间隔内传输数据信息。

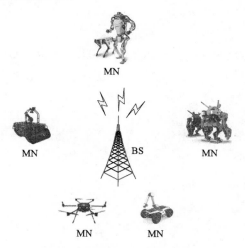

图 8.1　移动工业物联网系统模型

### 8.1.1　信道评估模型

　　假设通信信道服从瑞利衰落信道，并且是独立同分布的。从第 $k$ 个 BS 到第 $m$ 个 MN 的通信信道被建模为

$$\boldsymbol{h}_{k,m} = \sqrt{\alpha_{k,m}}\,\boldsymbol{q}_{k,m} \tag{8.1}$$

其中，$q_{k,m}$ 和 $h_{k,m}$ 分别代表从第 $k$ 个 BS 到第 $m$ 个 MN 的小尺度衰落向量和大尺度衰落向量；$\alpha_{k,m}$ 表示大尺度衰落信道的系数。

在下行链路训练阶段，每个 MN 通过向网络中的 BS 传输数据信息来进行信道估计[1]。在连续正交的 $\boldsymbol{\Phi}^{\mathrm{H}}\boldsymbol{\Phi}=\boldsymbol{I}_M$ 中，$\boldsymbol{\Phi}^{\mathrm{H}}$ 为一组分布式 MN 矩阵。因此，已激活的天线的接收信号可以表示为

$$Y_k = \sum_{k=1}^{K} \sqrt{p_m} \boldsymbol{H}_k^T \boldsymbol{\Phi} + \boldsymbol{Z}_k^T \qquad (8.2)$$

其中，$p_m$ 代表传输功率，类似于所有 MN；$\boldsymbol{H}_k = [\boldsymbol{h}_{k,1}, \boldsymbol{h}_{k,2}, \cdots, \boldsymbol{h}_{k,M}] \in \mathbb{C}^{K \times M}$ 代表从 $k$ 个 BS 到第 $m$ 个 MN 的信道矩阵；$\boldsymbol{\Phi} = [\boldsymbol{\Phi}_1, \boldsymbol{\Phi}_2, \cdots, \boldsymbol{\Phi}_K] \in \mathbb{C}^{K \times M}$ 被随机分配给所有 MN；$Z_k$ 是第 $m$ 个 MN 的对称复高斯分布，均值为零，方差为单位方差，即 $Z_k \sim \mathcal{CN}(0, \sigma^2)$。在信道估计增益的效果下，$\tilde{y}_{k,m}$ 被投影到 $\boldsymbol{\Phi}_m$ 上，得到

$$\tilde{y}_{k,m}^T \triangleq \boldsymbol{Y}_k^T \boldsymbol{\Phi}^{\mathrm{H}} = \sum_{m=1}^{M} \sqrt{p_k} \boldsymbol{h}_{k,m}^T + \widetilde{\boldsymbol{Z}}_m^T \qquad (8.3)$$

所以，第 $m$ 个 MN 接收到的导频向量为

$$\tilde{y}_m^T = \sqrt{p_m} \boldsymbol{h}_{k,m}^T + \tilde{z}_{k,m}^T \qquad (8.4)$$

其中，$\tilde{y}_{k,m}$ 和 $\tilde{z}_{k,m}$ 分别代表 $\widetilde{\boldsymbol{Y}}_{k,m}$ 和 $\widetilde{\boldsymbol{Z}}_{k,m}$ 的第 $m$ 列向量。第 $m$ 个 MN 通过 $\tilde{y}_{k,m}$ 估计 $\boldsymbol{h}_{k,m}^T$。基于最小均方误差法[2]，信道 $\tilde{\boldsymbol{h}}_{k,m}$ 被估计为

$$\tilde{\boldsymbol{h}}_{k,m} = \{\boldsymbol{h}_{k,m}\} + \frac{\sqrt{p_m} \operatorname{Var}\{\boldsymbol{h}_{k,m}\}}{p_m \operatorname{Var}\{\boldsymbol{h}_{k,m}\} + 1} \left( \tilde{y}_{k,m} - \sqrt{p_m} \{\boldsymbol{h}_{k,m}\} \right) \qquad (8.5)$$

其中，$\operatorname{Var}\{\boldsymbol{h}_{k,m}\} = \mathbb{E}\left\{ \left| \boldsymbol{h}_{k,m} - \mathbb{E}\{\boldsymbol{h}_{k,m}\} \right|^2 \right\}$。因此，$\varepsilon_{k,m}$ 可以表示为

$$\varepsilon_{k,m} = \boldsymbol{h}_{k,m} - \hat{\boldsymbol{h}}_{k,m} \qquad (8.6)$$

其中，$\varepsilon_{k,m}$ 表示发射器的 CSI 误差（CSI error, CSIT）；$\hat{\boldsymbol{h}}_{k,m}$ 是 CSIT 的估计值。然而，$\hat{\boldsymbol{h}}_{k,m}$ 和 $\varepsilon_{k,m}$ 构成一个高斯随机变量，服从 $\varepsilon_{k,m} \sim \mathcal{CN}(0, \boldsymbol{\alpha}_{k,m} \boldsymbol{I}_M)$ 分布。

### 8.1.2 数据传输模型

在数据传输阶段，BS 将数据信息传输给工业物联网网络中所有已连接的 MN。假设 MN 最多连接一个 BS，则第 $m$ 个 MN 从第 $k$ 个 BS 接收的数据信息由以下公式给出：

$$\begin{aligned} y_{k,m} &= \boldsymbol{x}_k \boldsymbol{h}_{k,m}^T + \sum_{i=1, i \neq k}^{K} \boldsymbol{x}_k \boldsymbol{h}_{i,m}^T + z_{k,m} \\ &= \sum_{t=1}^{|L_k|} \sqrt{p_{k,t}} \boldsymbol{h}_{k,m}^T \boldsymbol{g}_{k,t} + \sum_{i=1, i \neq k}^{K} \sum_{t=1}^{|L_k|} \sqrt{p_{i,t}} \boldsymbol{h}_{i,m}^T \boldsymbol{g}_{i,t} + z_{k,m} \end{aligned} \qquad (8.7)$$

其中，$\boldsymbol{g}_{k,t} \in \mathbb{C}^{K \times 1}$ 代表预编码向量；$\boldsymbol{x}_k = \sum_{t=1}^{|L_k|} \sqrt{p_{k,t}} \boldsymbol{g}_{k,t}$ 是从第 $k$ 个 BS 到第 $m$ 个 MN 的传输数据。

### 8.1.3 功率消耗模型

根据文献[3]，假设工业物联网网络中从第 $k$ 个 BS 到第 $m$ 个 MN 的总传输功率 $P_{\mathrm{T}}$ 由

用于加载处理的固定功率 $P_{FIX}$、传输功率 $P_{RF}$ 和电路功率消耗 $P_c$ 组成，则 $P_T$ 表示为

$$\begin{cases} P_T = P_{FIX} + P_c \\ P_T = P_{FIX} + \sum_{k=1}^{K} P_{RF} + \frac{1}{\varepsilon}\sum_{m=1}^{M} P_m \end{cases} \tag{8.8}$$

其中，$\varepsilon$ 代表功率放大器的效率；$P_{RF}$ 和 $P_m$ 分别表示连接到 BS 广播天线的电路功耗和从第 $k$ 个 BS 到第 $m$ 个 MN 的单位测量值。电路功耗表示射频元件的功率成本，如模拟数字转换器（ADC）、低噪声放大器、数字模拟转换器（DAC）和中频放大器。

# 8.2　工业物联网资源分配模型

本节介绍了系统的性能指标、优化约束条件，提出了一个面向工业物联网数据传输的联合资源优化问题。

## 8.2.1　系统吞吐量模型

第 $m$ 个 MN 和第 $k$ 个 BS 的系统吞吐量 $r_{k,m}$[4]为

$$r_{k,m} = B\log_2\left(1+\gamma_{k,m}\right) \tag{8.9}$$

其中，$B$ 表示带宽；$\gamma_{k,m}$ 表示从第 $k$ 个 BS 到第 $m$ 个 MN 接收的信号的 SINR，可以计算如下：

$$\gamma_{k,m} = \frac{p_{k,m}\left|h_{k,m}\right|^2}{\sum_{k=1}^{K} p_{k,m}\left|h_{k,m}\right|^2 + \sigma_{k,m}^2} \tag{8.10}$$

所以，总的系统吞吐量 $R_{k,m}$ 可以表示为

$$R_{k,m} = \sum_{k=1}^{K} r_{k,m} = B\sum_{k=1}^{K}\log_2\left(1+\frac{p_{k,m}\left|h_{k,m}\right|^2}{\sum_{k=1}^{K} p_{k,m}\left|h_{k,m}\right|^2 + \sigma_{k,m}^2}\right) \tag{8.11}$$

为了实现绿色通信的目标，研究其能效对物联网系统性能优化非常重要，其定义为系统总吞吐量 $R_{k,m}$ 与总功耗 $P_T$ 之比，单位为比特/焦耳[5]。将总传输功率分配 $P$ 和用户选择分配 $\mathcal{X}$ 作为优化目标，能源效率 $\eta$ 可以表示为

$$\eta = \frac{R_{k,m}(\mathcal{X},P)}{P_T(\mathcal{X},P)} \tag{8.12}$$

## 8.2.2　优化约束条件

本小节概述了提出的优化问题中所考虑的非线性约束条件，具体如下。

1. 用户选择约束

在工业物联网中，MN 在给定时间最多只能被一个 BS 选择。因此，用户选择约束表示为

$$\sum_{m=1}^{M} x_{k,m} \leqslant 1, x_{k,m} \in \{0,1\}, \forall m \qquad (8.13)$$

其中，$x_{k,m} \in \{0,1\}$ 表示用户分配指标。在工业物联网中 $x_{k,m}=1$ 表示 MN 连接到 BS，否则，$x_{k,m}=0$。

2. QoS 约束

为了提高通信性能，为所有 MN 引入了一个 QoS 约束，如 SINR（signal to interference plus noise ratio，信号与干扰加噪声比）。因此，QoS 约束表示为

$$\sum_{k=1}^{K}\sum_{m=1}^{M} x_{k,m} R_{k,m} \geqslant R_{\min}, \forall k,m \qquad (8.14)$$

其中，$R_{\min}$ 表示工业物联网中 MN 的最低数据传输速率要求。

3. 传输功率约束

系统中的总传输功率受到的约束如下：

$$\sum_{k=1}^{K}\sum_{m=1}^{M} x_{k,m} p_{k,m} \leqslant P_{\max}, \forall k,m \qquad (8.15)$$

其中，$P_{\max}$ 代表最大传输功率。

### 8.2.3 优化问题的表述

本节研究了资源分配优化，以最大限度地提高系统能效。从数学上分析，在不完全信道状态信息条件下，联合优化功率分配 $P$ 和用户选择 $\mathcal{X}$ 受到传输功率和最小数据传输速率的约束，具体如下所示。

$$P1: \max_{\mathcal{X},P} \eta(\mathcal{X},P)$$

$$\text{s.t.} \begin{cases} C1: \sum_{k=1}^{K}\sum_{m=1}^{M} x_{k,m} p_{k,m} \leqslant P_{\max}, \forall k,m \\ C2: \sum_{k=1}^{K}\sum_{m=1}^{M} x_{k,m} R_{k,m} \geqslant R_{\min}, \forall k,m \\ C3: p_{k,m} \geqslant 0, \forall k, \forall m \\ C4: \sum_{m=1}^{M} x_{k,m} \leqslant 1, x_{k,m} \in \{0,1\}, \forall m \end{cases} \qquad (8.16)$$

其中，C1 表示单工业物联网中 BS 的传输功率边界，最大传输功率用 $P_{\max}$ 表示；C2 要求用户数据传输速率高于 $R_{\min}$，即基于 QoS 要求的最小数据传输速率；C3 验证分配给每个 MN 的功率是正的；C4 保证一个 MN 被一个 BS 选中。

### 8.2.4 优化问题的转换

$P1$ 所描述的问题具有非凸性，且属于 MINLP 问题[4]。这是个 NP 难问题，要获得一个可行的解决方案具有很大的挑战性。为了使优化问题具有可操作性，可以将 C4 和 C5 放宽为连续。最佳能源效率 $\eta^*$ 可以表示为 $\eta^*(\mathcal{X},P) = R_{k,m}(\mathcal{X}^*,P^*) / P_T(\mathcal{X}^*,P^*)$。因此，

$P1$ 可被转化为减法形式，即

$$P2: \max_{\mathcal{X},P} \left\{ R_{k,m}(\mathcal{X},P) - \eta^* P_{\mathrm{T}}(\mathcal{X},P) \right\}$$

$$\text{s.t.} : \text{C1, C2, C3, C4} \tag{8.17}$$

**定理 8.1**　最佳能源效率

$$\max_{\mathcal{X},P} \left\{ R_{k,m}(\mathcal{X}^*,P^*) - \eta^* P_{\mathrm{T}}(\mathcal{X},P) \right\} = 0 \tag{8.18}$$

其中，$\eta^*$ 由如下公式给出：

$$\eta^* = \frac{R_{k,m}(\mathcal{X}^*,P^*)}{P_{\mathrm{T}}(\mathcal{X}^*,P^*)} = \max_{\mathcal{X},P} \frac{R_{k,m}(\mathcal{X},P)}{P_{\mathrm{T}}(\mathcal{X},P)} \tag{8.19}$$

其中，$R_{k,m}(\mathcal{X},P) \geqslant 0$ 和 $P_{\mathrm{T}}(\mathcal{X},P) \geqslant 0$。

**证明**：定理 8.1 是按照文献[6]中提供的类似方法证明的。它给出了一个等价的参数化形式。$P2$ 现在是可处理的，因此有可行的解。

## 8.3　联合功率分配和用户选择算法

本节提出的高效算法，将原始优化问题分解为最优功率分配子问题和最优用户选择子问题，分别应用拉格朗日对偶分解法[7]和 KM 算法进行优化处理。从理论上分析，寻找 $P2$ 的最优解需要对整个可能解进行穷举搜索。因此，引入了具有计算上可实现的解的拉格朗日乘数 $(\boldsymbol{\rho},\boldsymbol{\lambda},\boldsymbol{\mu})$，$P2$ 可以被重新表述为

$$L(\boldsymbol{\rho},\boldsymbol{\lambda},\boldsymbol{\mu},P) = \sum_{m=1}^{M} \rho_m \left( \sum_{k=1}^{K} x_{k,m} R_{k,m} - R_{\min} \right) + \sum_{k=1}^{K} \lambda_k \left( \varepsilon P_{\max} - \sum_{m=1}^{M} x_{k,m} p_{k,m} \right)$$

$$- \eta \left( P_{FIX} + \sum_{k=1}^{K} P_{RF} + \frac{1}{\varepsilon} \sum_{m=1}^{M} P_m \right) - \sum_{k=1}^{K} \mu_k \left( \sum_{m=1}^{M} x_{k,m} - 1 \right) n \tag{8.20}$$

其中，$\boldsymbol{\rho},\boldsymbol{\lambda},\boldsymbol{\mu}$ 代表拉格朗日乘数的向量，并分别定义为 $\boldsymbol{\rho} = [\rho_0, \rho_1, \cdots, \rho_k]^{\mathrm{T}}$、$\boldsymbol{\lambda} = [\lambda_1, \lambda_2, \cdots, \lambda_k]^{\mathrm{T}}$ 和 $\boldsymbol{\mu} = [\mu_1, \mu_2, \cdots, \mu_k]^{\mathrm{T}}$。

### 8.3.1　最佳功率分配子问题

由于多 MN 之间的干扰，式（8.20）表现出非凸性，难以找到全局最优解。为了在少量迭代中以较快的收敛速度实现最优功率分配，拉格朗日函数可以表示为

$$\min_{\boldsymbol{\rho},\boldsymbol{\lambda},\boldsymbol{\mu}} \max_P L(\boldsymbol{\rho},\boldsymbol{\lambda},\boldsymbol{\mu},P)$$

$$\text{s.t.:} \boldsymbol{\rho} \geqslant 0, \boldsymbol{\lambda} \geqslant 0, \boldsymbol{\mu} \geqslant 0 \tag{8.21}$$

因此，采用 KKT（Karush-Kuhn-Tucker）条件[7]来寻找式（8.21）中 $(\boldsymbol{\rho},\boldsymbol{\lambda},\boldsymbol{\mu},P)$ 的导数，以获得局部最优解 $p_{k,m}^*$。具体如下：

$$\frac{\partial L(\boldsymbol{\rho},\boldsymbol{\lambda},\boldsymbol{\mu},P)}{\partial p_{k,m}} = 0 \tag{8.22}$$

因此，通过拉格朗日乘数组 $(\boldsymbol{\rho},\boldsymbol{\lambda},\boldsymbol{\mu})$ 得到的局部最优功率分配表示为

$$p_{k,m}^* = \left[ \frac{(1-\lambda)B}{(\eta - \lambda + \rho)\ln 2} - \frac{1}{\gamma_{k,m}} \right]^+ \tag{8.23}$$

因此，将式（8.10）代入式（8.23），可得到

$$p_{k,m}^{*} = \left[ \frac{(1-\lambda)B}{(\eta - \lambda + \rho)\ln 2} - \frac{\sum\limits_{k=1}^{K} p_{k,m} \left| h_{k,m} \right|^2 + \sigma_{k,m}^2}{p_{k,m} \left| h_{k,m} \right|^2} \right]^{+} \tag{8.24}$$

采用子梯度算法来更新拉格朗日乘数 $\{\boldsymbol{\rho}, \boldsymbol{\lambda}, \boldsymbol{\mu}\}$，如下所示：

$$\rho(t+1) = \left[ \rho(t) - \phi_1 \left( \varepsilon P_{\max} - \sum_{k=1}^{K} \sum_{m=1}^{M} x_{k,m} p_{k,m} \right) \right]^{+} \tag{8.25}$$

$$\lambda(t+1) = \left[ \lambda(t) - \phi_2 \left( \sum_{k=1}^{K} \sum_{m=1}^{M} x_{k,m} R_{k,m} - R_{\min} \right) \right]^{+} \tag{8.26}$$

其中，$\phi_1$ 和 $\phi_2$ 是步长，其变量大小经过精心选择以保证收敛性。

### 8.3.2　最优用户选择子问题

本节介绍了一种改进的 KM 算法[8]，它构成了一种组合优化算法，来解决二分图的最大加权匹配问题[9]。KM 算法极大地提高了用户选择的效率，为每个 MN 提供了连接到可用 BS 的最优方案。

本节用 $G(\rho_1, \rho_2, E)$ 来说明完全二分图，其中，$\rho_1$ 和 $\rho_2$ 是图中的顶点集，表示 BS 和 MN，$E$ 分别表示连接 $\rho_1$ 和 $\rho_2$ 顶点的边集。顶点 $\rho_1$ 与 $\rho_2$ 互相连接。

#### 1. 最佳的分配任务

令 $G = (Y \cup Z, Y \times Z)$ 表示一个加权的完全二分图，其连接边 $Y$ 和 $Z$ 被分配了权重 $\psi(y,z)$。$l(y)$ 和 $l(z)$ 都是与加权的完全二分图 $G$ 相关的可行顶点标记的相同函数，其中最大权重由 $Y$ 到 $Z$ 的匹配决定。

**定义 8.1**　如果对于任何 $y \in Y$ 和 $z \in Z$，使 $l(y) + l(z) \geqslant \psi(y,z)$ 恒成立，则 $G$ 中可行顶点标记可以定义为 $Y \cup Z$ 上的实值函数 $l$。在式（8.27）中，可以确定对应行中可行顶点标签的最大值，以实现从 $Y$ 到 $Z$ 的最佳分配，当且仅当

$$\begin{cases} l(y) = \max_{z \in Z} \psi(y,z) \ \text{for} \ y \in Y \\ l(z) = 0 \ \text{for} \ z \in Z \end{cases} \tag{8.27}$$

令 $G_l$ 代表 $G$ 的子图，由连接边组成。如果 MN 的连接边满足条件 $l(y) + l(z) = \psi(y,z)$，则图 $G_l$ 成为一个相等子图。

**定义 8.2**　假设 $l$ 代表 $G$ 的可行顶点标签，$\mathscr{R}$ 是 $Y$ 对 $Z$ 的完美匹配，使得 $\mathscr{R} \subseteq G_l$，因此 $\mathscr{R}$ 视为 $Y$ 对 $Z$ 的最优分配。

**证明**：权重的完美匹配小于 $\mathscr{R}$。令任意 $\mathscr{R}'$ 为 $Y$ 到 $Z$ 的完美匹配。因此，可以得出

$$\psi(\mathscr{R}') = \sum_{y,z \in \mathscr{R}'} \psi(y,z) \leqslant \sum_{y,z \in \mathscr{R}'} \{l(y) + l(z)\}$$

$$= \sum_{y,z \in \mathscr{R}} \psi(y,z) \ \text{as} \ \mathscr{R} \subseteq G_l$$

$$= \psi(\mathscr{R}) \tag{8.28}$$

因此，在完全二分图中确定最佳分配问题变成了确定一个可行顶点标签，即用 $G_l$ 连接 $Y$ 到 $Z$ 的最佳分配匹配问题。基于式（8.16），最佳用户选择子问题可以被表示为

$$\max_{\mathcal{X}} \sum_{k=1}^{K} \sum_{m=1}^{M} x_{k,m} \frac{R_{k,m}\left(\mathcal{X}^*, P^*\right)}{P_T\left(\mathcal{X}^*, P^*\right)}$$

$$\text{s.t.} \quad \text{C4}: \sum_{m=1}^{M} x_{k,m} \leqslant 1, x_{k,m} \in \{0,1\}, \forall m \tag{8.29}$$

需要注意的是，式（8.29）是一个具有混合整数约束的优化问题，计算复杂度高。考虑到用户选择的约束条件，引入了基于完全二分图的最优匹配问题概念来解决式（8.29）中的优化问题。然而，一种改进的 KM 算法被应用于解决最优匹配问题，该算法确定了完全二分图中的最大权完美匹配。KM 算法使用最短路径搜索技术来实现最佳用户选择分配。

### 2. 用户选择决策

所有 MN 都均匀地分布在单天线网络中。BS 支持多个 MN，但是每个 MN 在给定时间段只选择一个 BS。因此，在第 $k$ 个 BS 和第 $m$ 个 MN 之间的用户选择的二进制指数变量被定义为

$$x_{k,m} = \begin{cases} 1, & \text{当第} m \text{个MN选择第} k \text{个BS} \\ 0, & \text{其余} \end{cases} \tag{8.30}$$

然而，如果 BS 在同一时隙内选择更多的 MN，如多天线 BS，提出的算法将 BS 视为具有类似信道条件的多个实体。为了满足 QoS 要求，每个 MN 必须至少连接一个 BS，使得 $x_{k,m} > 0$。这就把最优用户选择子算法简化为最优 BS 选择问题。每个 MN 选择以最佳信道条件运行的 BS，以最小化功耗。因此，当 MN 只选择一个 BS 时，最佳 BS 的最大能源效率给定为 $i^* = \arg\max\{\eta_{k,m}^*\}$。

令 $\rho_1$ 代表 BS 的顶点集合，如 $\rho_1 = \{BS_1, BS_2, \cdots, BS_K\}$ 和 $\rho_2$ 表示顶点 MN 的集合，如 $\rho_2 = \{MN_1, MN_2, \cdots, MN_M\}$。此外，可以确定 $\rho_1$ 和 $\rho_2$ 的连接边从第 $k$ 个 BS 到第 $m$ 个 MN 的权重如下：

$$\psi(BS, MN) = \frac{R_{k,m}\left(\mathcal{X}^*, P^*\right)}{P_T\left(\mathcal{X}^*, P^*\right)} \tag{8.31}$$

因此，使用 KM 算法确定最佳用户选择子问题的程序步骤总结如下。

第 1 步：初始化任意可行的标签 $l(\mu)$。

第 2 步：选择 $l(\mu)$，从 $G$ 中获取 $G_l$，在 $G_l$ 中找到一个任意的最大匹配 $\mathcal{R}$。

第 3 步：如果 $\mathcal{R}$ 被假定为 $G$ 的最优匹配，则解决式（8.29）中的优化问题，实现最优的用户选择分配。

第 4 步：否则，存在未匹配的 $y \in \rho_1$，条件是 $y$ 未被分配。建立 $S = \{y\}$ 和 $T = \phi$。

第 5 步：令 $F_{G_l}(S)$ 代表 $\rho_1$ 和 $\rho_2$ 的集合，将 $S$ 关联到 $G_l$ 中，确定 $F_{G_l}(S) = T$ 为

$$\Omega = \min_{y \in S, z \in T} \{(l(y) + l(z) - \psi(y,z))\} \tag{8.32}$$

其中，新标签 $l'(\mu)$ 被定义为

$$l'(\mu) = \begin{cases} l(\mu) - \Omega \text{ for } \mu \in S \\ l(\mu) + \Omega \text{ for } \mu \in T \\ l, \text{ 其余} \end{cases} \tag{8.33}$$

$\Omega > 0$ 和 $F_{G_r}(S) \neq T$。用 $l'(\mu)$ 代替 $l(\mu)$，转到第 2 步。

第 6 步：如果满足 $F_{G_l}(S) \neq T$，转到第 4 步。

通过对上述 KM 算法进行迭代，可以获得一个新的最佳匹配方案 $G$，它代表了用户选择子问题的最佳方案。

### 8.3.3　最优化功率分配和用户选择算法

本节提出一种最优的联合功率分配和用户选择算法——JPAUS，以最大限度地提高系统的能效，如算法 8.1 所示，分别使用拉格朗日对偶分解法和 KM 算法获得最优解。很明显，P1 是一个大规模的非凸 MINP，不能用多项式复杂度算法进行优化求解。

---

输入：$\tau \leftarrow$ 最大公差；$W_{\max} \leftarrow$ 最大迭代次数

输出：$\eta^*, (\mathcal{X}^*, P^*)$

1　初始化 $\tau = 0$ 和 $i = 0$；

2　初始化 $\rho, \lambda, \mu \geqslant 0$；

3　**for** $0 \leqslant w \leqslant w_{\max}; w = w_{\max}; w = w + 1$ **do**

4　　**while** $\tau > w$ **do**

5　　　根据式（8.31）确定连接边的权重；

6　　　**if** $\max_{\mathcal{X}, P} \{ R_{k,m}(\mathcal{X}^*, P^*) - \eta^* P_T(\mathcal{X}, P) \} \leqslant \tau$ **then**

7　　　　根据给出的 KM 算法的步骤计算最佳用户选择，$\mathcal{X}^*$；

8　　　　根据式（8.24）计算 $p_{k,m}^*$；

9　　　　根据式（8.25）和式（8.26）更新 $\alpha(t+1)$ 和 $\beta(t+1)$ 以保证收敛性；

10　　　　将 $\mathcal{X}^* \leftarrow P^*$，$\mathcal{X}^* \leftarrow \mathcal{X}$ 和 $\eta^* \leftarrow \eta$；

11　　　**else**

12　　　　根据式（8.19）计算 $\eta^*$.

算法 8.1　JPAUS 算法

---

JPAUS 算法复杂度低，迭代次数少，用函数 $\max_{\mathcal{X}, P} \{ R_{k,m}(\mathcal{X}^*, P^*) - \eta^* P_T(\mathcal{X}, P) \} \leqslant \tau$ 表示，其中，$\tau$ 表示最大公差。在给定的 $\eta^*$ 下，功率分配和用户选择被依次优化。由于 JPAUS 算法具有类似于 Dinkelbach 方法[10]的优化条件，$\eta^*$ 值在极少迭代次数内以低计算复杂度进行迭代更新（步骤 6～步骤 12）。此外，通过广泛的仿真实验，证明了 JPAUS 算法的有效性。与基线算法相比，JPAUS 算法有着更优越的性能。

本小节分析了 JPAUS 算法的计算复杂性。在初始情况下，通过迭代计算 $KM$ 分配子信道给第 $m$ 个 MN。迭代 $K$ 次执行后将为 MN 的每个 $M$ 分配一个 BS。所以，在初始阶段得到的总复杂度是 $MK^2$。

在第二阶段，将子梯度方法应用于每次迭代，复杂度从 $O((K+1)^2)$ 降到 $O(KM)$，达到迅速收敛的目标。此外，子梯度给出的复杂度为 $O(KM(K+1)^2)$。将 $\phi$ 作为二分搜索的基本精度，则计算复杂度表示为 $O\big(KM(K+1)^2\cdot\log_2(1/\phi)\big)$。在第三阶段，假设从第 $k$ 个 BS 到第 $m$ 个 MN 的数据传输保持不变，每次迭代的计算复杂度为 $O(M)$。因此，这个阶段的复杂度是 $O\big(M(K+1)^2\cdot\log_2(1/\phi)\big)$。可以确定的是，初始阶段的迭代有一个约束条件 $M$，因为 MN 只选择一个 BS。值得注意的是，JPAUS 算法的计算复杂度依赖于第二和第三次迭代，并且效率由 $O\big(M(K+1)^3\cdot\log_2(1/\phi)\big)$ 确定。这证实了 JPAUS 算法具有多项式复杂度，可以支持工业物联网系统的实际应用。

## 8.4　仿　真　验　证

本节通过计算机仿真对 JPAUS 算法进行性能评估。

用计算机仿真设置了一个半径为 1km 的场地，BS 有 6 个发射天线。每个 MN 配备 2 个接收天线，并均匀分布。信道衰减系数由 3GPP-Urban Micro 模型[11]产生。路径损失由 $p_l=128+37.4\log(d)$ dB 计算，其中，$d$ 代表从发射器到接收器的距离 (km)。表 8.1 给出了其他重要的仿真参数设置。

表 8.1　仿真参数设置

| 参数 | 值 |
| --- | --- |
| 区域半径 | 1km |
| 需要的最小数据率 | 100kb/s/Hz |
| 信道频率 | 2.5GHz |
| 电路功耗 | 0.055W |
| 每个子通道的噪声功率 | −167dBm |
| MN 的数量 | 15～30 |
| 功率放大器效能 | 0.2 |
| 能量消耗 | 0.5W |
| 系统总带宽 | 5MHz |

在 MN 处于不同位置的情况下，所有模拟结果均通过平均 1500 个通道的数据来得到。图 8.2～图 8.4 的仿真设置如下：激活的 BS 天线数量为 4，迭代次数为 10 和 $P_{\max}=(0.01\sim0.18)$W。

比较算法如下：联合优化功率分配和用户选择（JOPUA）算法[12]，该算法在完美 CSI 条件下降低了整体传输功率消耗；联合功率分配和用户选择（JPAUA）算法[13]，该算法考虑到信道的不确定性，使能效性能最大化；所有的算法都是在同一环境下进行仿真，其仿真结果是在 MN 的几个位置上进行 40 次实验的平均值。

1. 不同 BS 对能效的影响

图 8.2 展示了在不同数量的激活 BS 天线和电路功耗 $P_C$ 下，能效与最大传输功率 $P_{\max}$ 的关系。假设所有 BS 的 $P_{\max}$ 是相同的。在 $P_{\max}<0.06$W 情况下，可以看到所有的算法都达到了相当高的能效性能。在 $P_{\max}\geqslant0.08$W 情况下，所有算法的能源效率性能都有同比的增长，直到达到饱和点。可以注意到，基线算法随着 $P_{\max}$ 的增加而迅速下降。然而，

JPAUS 算法随着 $P_{max}$ 的增加变得单调线性。因此得出结论，与基线算法相比，JPAUS 算法在相对较大的 $P_{max}$ 情况下实现了显著的能效性能提升。

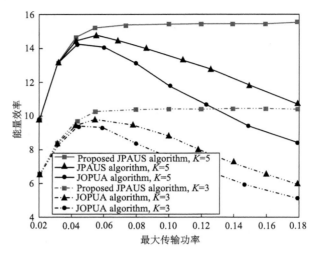

彩图 8.2

图 8.2　不同的 BSs 和 $K$ 数量下，能效设置与最大传输功率的关系图

### 2. 电路功率对能效的影响

图 8.3 展示了在不同的 $P_C$ 条件下，$P_{max}$ 与能效设置之间的关系，并且从能效方面比较了所有算法的性能。在 $P_{max} \leqslant 0.06\text{W}$ 和固定的 $P_C$ 情况下，随着 $P_{max}$ 的增加，基线算法的能效逐渐增强。在 $P_{max} \geqslant 0.14\text{W}$ 的情况下，随着 $P_{max}$ 的增加，能效达到了一个饱和点，并保持不变。JOPUA 算法的能效到最大水平就开始迅速下降。然而，与基线算法相比，JPAUS 算法获得了较高的能效性能，并下降缓慢。

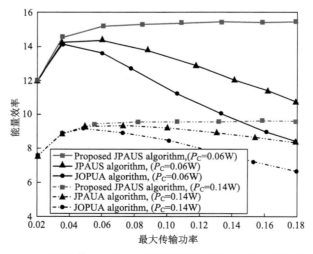

彩图 8.3

图 8.3　在不同的电路功率下，能效设置与最大传输功率的关系图

### 3. 噪声功率对能效的影响

图 8.4 展示了不同噪声功率下，能效设置与 $P_{\max}$ 的关系。该仿真设置了不同噪声功率下 BS 和 UE 之间的连接。由于在 BSs 的大量能源消耗，能效的性能降低。随着噪声功率的增加，在物联网系统中基线算法消耗更多的能量进行 UE 之间的传输数据。相反，与基线算法相比，JPAUS 算法在高噪声功率下使用更少的能量达到了更好的网络性能。

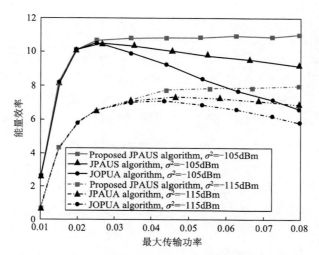

彩图 8.4

图 8.4　不同噪声功率下，能效设置与最大传输功率的关系图

### 4. 传输功率对能效的影响

图 8.5 展示了平均能耗与 $P_{\max}$ 的关系。在 $P_{\max} < 0.06$W 情况下，所有算法的能效性能随着 $P_{\max}$ 的增加而线性地增加。当 $P_{\max} \geqslant 0.10$W 时，能效性能变得稳定，并达到最大值。

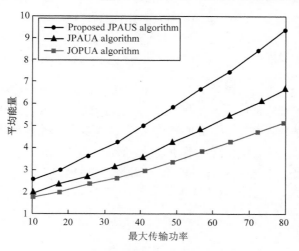

彩图 8.5

图 8.5　平均总传输功率

此外，从图 8.5 中可以看出，随着 $P_{max}$ 的增加，所有的算法实际上都获得了相同的性能收益。由于多用户的强干扰，JPAUS 算法和基线算法的性能差距扩大了。JPAUS 算法在能效性能方面优于 JOPUA 算法。同样，JPAUA 算法未充分利用可用资源，并且由于与 BS 的数据传输距离较远，因此造成了较高的 UE 间干扰和路径损耗。然而，JPAUS 算法充分地利用了资源分配来避免多用户干扰，并且随着 $P_{max}$ 的增加可以实现高效的能效性能。

5. 平均总系统吞吐量

图 8.6 展示了平均总系统吞吐量与 $P_{max}$ 的关系。随着 $P_{max}$ 的增加，平均总系统吞吐量也在增加。在高传输功率下，JPAUS 算法比 JOPUA 算法有着更好的系统吞吐量，这是因为激活了更多的 BS 天线来满足 $R_{min}$ 的要求。然而，因为噪声功率对系统性能和 UE 间干扰的影响可以忽略不计，所以 JPAUA 算法优于 JPAUS 算法。JPAUS 算法可以利用有限的可用资源分配和有限的 BS 天线数量来减轻 UE 间干扰并保证 QoS 要求。

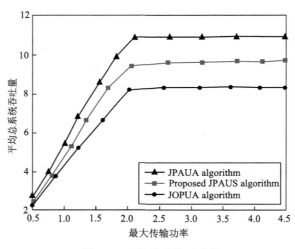

彩图 8.6

图 8.6　平均总系统吞吐量

6. MN 对能效的影响

图 8.7 展示了 JPAUS 算法和基线算法对最大化的最佳用户选择的能效影响。随着 MN 数量的增加，能效性能也会相应增加。当能效达到了饱和点，但随着 MN 数量的增加仍不断增加。由于多用户干扰，JPAUS 算法和基线算法之间的性能差距增大。尽管基线算法表现接近，但 JPAUS 算法优于 JOPUA 算法。JOPUA 算法处理多用户的强干扰和路径损耗，需要更多的能量来维持工业物联网网络中所有 MN 的 QoS 要求。相反，随着 MN 数量的增加，JPAUS 算法实现了显著的能效性能提升。因为，它充分利用了资源分配来缓解 MN 之间的多用户干扰。这证实了它与基线算法相比，有着有效性和优越性能。

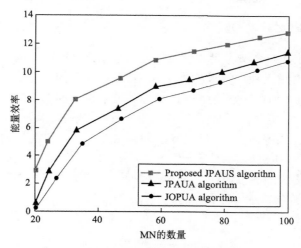

彩图 8.7

图 8.7　能效设置与 MN 数量的关系图

**7. 算法收敛性测试**

图 8.8 展示了不同 $P_\mathrm{c}$ 的情况下，能效性能与迭代次数的关系。为了获得该仿真实验的收敛速度，进行了如下设置：激活的 BS 天线数量为 4，MN 数量为 20，迭代次数为 10，$P_\mathrm{max} = 0.2\mathrm{W}$。激活的 BS 天线是均匀分布的，保证在几个迭代次数内收敛。从图 8.8 可以看出，所有的算法都达到了一个饱和点，并呈线性增长。能效随着 $P_\mathrm{max}$ 的增加而单调递增。相较于 JPAUS 算法，基线算法在 10 次迭代内收敛到最优值，有着更高的收敛速度。在 SINR 情况下，JOPUA 算法消耗更多的能量来满足工业物联网中所有 UE 对于 QoS 要求。随着迭代次数的增加，JPAUS 算法达到了更高的能效表现。与基线算法相比，通过基于 KM 算法的穷举搜索方法，JPAUS 算法为大规模网络问题提供了更好的最优解决方案。

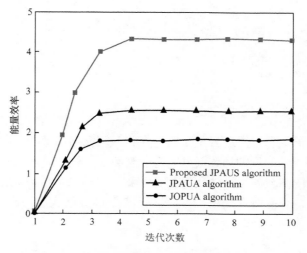

彩图 8.8

图 8.8　能效设置与迭代次数的关系图

### 8. 不完美的 CSI 对能效的影响

图 8.9 展示了在不同的 $P_{max}$ 下，能效性能与最小 SINR 阈值的关系。在这个仿真实验中，BS 配备了 10 根天线，要求的最小 SINR 是 5dB，归一化的最大信道估计误差是 $\varepsilon=0.05$。可以看出，随着所需 SINR 的增加，能效也在增加。所有算法的性能收益一直增长到 SINR，$\gamma \leqslant 20$。随后能效开始下降，因为这些算法造成了越来越多的多用户干扰。在较低的 $P_{max}$ 情况下，JOPUA 算法的自由度较少，以高传输功率传输数据以保证 QoS 要求。然而，JPAUS 算法充分利用了可用的资源分配，以避免 MN 之间的多用户干扰。它实现了更优的能效性能，并下降缓慢。这证实了它在不完善的 CSI 情况下的鲁棒性和可靠性更优秀，并具有更好的能效性能。

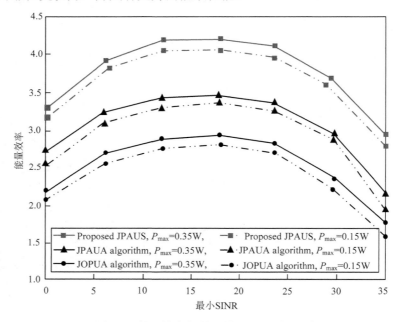

彩图 8.9

图 8.9　能源效率与所需最小 SINR 的关系

# 本 章 小 结

本章研究了在不完善的 CSI 条件下，当最大传输功率和 QoS 要求得到满足时，通过高效的联合功率分配和用户选择优化来提高物联网网络的数据传输。提出了一个联合优化问题，以实现最佳的能效：该问题为混合整数非线性规划，属于 NP 难和非凸性问题。提出了一种新的高效的联合迭代算法 JPAUS，以获得能效最大化的最佳解决方案。仿真实验结果表明，与基线算法相比，提出的 JPAUS 算法大大提高了能效性能。

## 参 考 文 献

[1]　LI J M, YUEN C, LI D, et al. On hybrid pilot for channel estimation in massive MIMO uplink[J]. IEEE Transactions on

Vehicular Technology, 2019, 68(7): 6670-6685.

[2]　CHEN H M, LAM W H. Training based two-step channel estimation in two-way MIMO relay systems[J]. IEEE Transactions on Vehicular Technology, 2017, 67(3): 2193-2205.

[3]　ANSERE J A, ANAJEMBA J H, SACKEY S H, et al. Optimal power distribution algorithm for energy efficient IoT-NOMA enabled networks[C]// 2019 15th International Conference on Emerging Technologies (ICET). Peshawar: IEEE, 2019: 1-5.

[4]　AWAIS M, AHMED A, ALI S A, et al. Resource management in multicloud IoT radio access network[J]. IEEE Internet of Things Journal, 2018, 6(2): 3014-3023.

[5]　LIU Z J, LI J L, SUN D C. Circuit power consumption-unaware energy efficiency optimization for massive MIMO systems[J]. IEEE Wireless Communications Letters, 2017, 6(3): 370-373.

[6]　KHAN A A, REHMANI M H, RACHEDI A. Cognitive-radio-based internet of things: Applications, architectures, spectrum related functionalities, and future research directions[J]. IEEE Wireless Communications, 2017, 24(3): 17-25.

[7]　CHOI J, LEE N, HONG S N, et al. Joint user selection, power allocation, and precoding design with imperfect CSIT for multi-cell MU-MIMO downlink systems[J]. IEEE Transactions on Wireless Communications, 2019, 19(1): 162-176.

[8]　ZHANG X Y, ZHANG J, GONG Y J, et al. Kuhn-Munkres parallel genetic algorithm for the set cover problem and its application to large-scale wireless sensor networks[J]. IEEE Transactions on Evolutionary Computation, 2015, 20(5): 695-710.

[9]　ZHOU X T, YANG L Q, YUAN D F. Bipartite matching based user grouping for grouped OFDM-IDMA[J]. IEEE Transactions on Wireless Communications, 2013, 12(10): 5248-5257.

[10]　DINKELBACH W. On nonlinear fractional programming[J]. Management Science, 1967, 13(7): 492-498.

[11]　AL-HUSSAIBI W A, ALI F H. A closed-form approximation of correlated multiuser MIMO ergodic capacity with antenna selection and imperfect channel estimation[J]. IEEE Transactions on Vehicular Technology, 2018, 67(6): 5515-5519.

[12]　CHIEN T V, BJÖRNSON E, LARSSON E G. Joint power allocation and user association optimization for massive MIMO systems[J]. IEEE Transactions on Wireless Communications, 2016, 15(9): 6384-6399.

[13]　LIN Y, WANG Y, LI C G, et al. Joint design of user association and power allocation with proportional fairness in massive MIMO HetNets[J]. IEEE Access, 2017, 5: 6560-6569.

# 第 9 章　不稳定信道状态信息条件下面向节能工业物联网的最优资源分配

　　随着工业物联网接入设备数量的迅速增长以及工业应用程序和服务的需求量不断增长，工业物联网能量的消耗速度水平已经达到惊人的程度，甚至已经影响工业物联网的扩展速度和部署效率。因此，对于基于传统物联网技术的工业物联网，能量效率优化问题依然是工业界与学术界关注的重点。然而，现有研究大部分局限在通过优化工业物联网的应用程序效率，从应用层优化工业物联网的能耗，对于如何从网络资源分配等角度优化能耗研究甚少。因此，本章旨在设计一种节能的资源分配方法来提高工业物联网的能效和性能。

　　本章在考虑发射功率和不同 QoS 要求的组合模式下，对多个工业物联网设备的用户选择、功率分配和激活 BS 天线数量进行联合优化，以实现不稳定 CSI（channel state information，信道状态信息）条件下的能量效率最大化。本章提出了一种节能的联合迭代算法，该算法利用连续凸逼近技术和拉格朗日对偶分解方法，在保证收敛性的前提下获得近似最优解。

## 9.1　网络系统模型

　　如图 9.1 所示，在该系统模型中，工业物联网由 BS 和 MN，以及两者之间的链路组成。MN 配备了传感器，以提高子信道上的数据传输可靠性。此外，MN 通过 BS 使用子信道，每个 MN 只被允许连接到一个 BS。BS 作为中继站，将从 MN 收到的信号

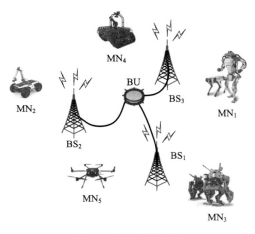

图 9.1　网络系统模型

转发到集中 BU（base band unit，基带处理单元）。假设 MN 在发射 BS 和 MN 的接收器之间有稳定的 CSI 条件，BS 向邻居 MN 广播能量信号。每个 MN 独立地感知可用的子信道，并暂时储存其能量，以便向目的地传输数据。分布式 MN 和 BS 的集合分别表示为 $n \in \{1,2,\cdots,N\}$ 和 $m \in \{1,2,\cdots,M\}$。

假设 MN 和 BS 在相干时间内采用时分复用协议。假设 $q_{m,n} = [q_{m,1,n},\cdots,q_{m,n,M}]^T \in \mathbb{C}^{m,n}$ 为从第 $m$ 个 BS 到第 $n$ 个 MN 的小尺度衰落信道矩阵。设 $\alpha_{m,n}$ 表示大尺度衰落信道的系数，则第 $n$ 个 MN 和第 $m$ 个 BS 之间的通信信道 $h_{m,n}$ 可以建模为

$$h_{m,n} = \sqrt{\alpha_{m,n}}\hat{q}_{m,n} \tag{9.1}$$

第 $n$ 个 MN 的最小均方误差估计表示为

$$\hat{q}_n = \frac{\kappa_n p_n}{\kappa_n p_n + 1}q + \frac{\sqrt{\kappa_n p_n}}{\kappa_n p_n + 1}w_n \tag{9.2}$$

其中，$q_n$ 是最大比率传输的预编码向量；$\kappa_n$ 是每个相干区间的导频符号数；$p_n$ 表示从第 $m$ 个 BS 传输到第 $n$ 个 MN 的功率，它表示发射功率。$q_{m,n}$ 的变量与高斯噪声功率独立同分布。

### 9.1.1　信道估计模型

在网络中，每条上行链路中的每个 MN 通过工业物联网向每个 BS 传输数据信息，以用于信道估计。为了提高相干检测，假定来自不同小区的 BS 同时传输类似的数据信息，用于信道估计[1-2]。那么，$N$ 个用户的建模数据可以通过相互正交的序列 $\boldsymbol{\Phi}^H\boldsymbol{\Phi} = \nu I_N (N \leqslant \nu)$ 对矩阵 $\boldsymbol{\Phi}^H$ 用 $N \times \nu$ 表示。通过激活 BS 的所有天线，第 $n$ 个 MN 的接收导频数据信息 $Y_n$ 由以下公式给出：

$$Y_n = \sum_{n=1}^{N}\sqrt{\kappa_n p_n}H_n^T\boldsymbol{\Phi} + W_n^T \tag{9.3}$$

其中，$W_n$ 代表第 $n$ 个 MN 的对称复数高斯分布，均值为零，方差为单位方差，即 $w_n \sim \mathcal{CN}(0,\sigma^2)$。为了有效地估计信道增益，假定 $\tilde{y}_{m,n}$ 投射到 $\boldsymbol{\Phi}_n$ 上为

$$\tilde{y}_{m,n}^T \triangleq Y_m^T\boldsymbol{\Phi}^H = \sum_{n=1}^{N}\sqrt{\kappa_n p_n}h_{m,n}^T + \widetilde{W}_n^T \tag{9.4}$$

因此，在第 $n$ 个 MN 接收到的导频向量为

$$\tilde{y}_{m,n}^T = \kappa_n\sqrt{p_n}h_{m,n}^T + \tilde{w}_{m,n}^T \tag{9.5}$$

其中，$\tilde{y}_{m,n}$ 和 $\tilde{w}_{m,n}$ 分别代表 $\tilde{Y}_{m,n}$ 和 $\tilde{W}_{m,n}$ 的第 $n$ 个列向量。第 $n$ 个 MN 可以从 $\tilde{y}_{m,n}$ 估计 $h_{m,n}^T$。应用最小均方误差估计出的信道 $\tilde{h}_{m,n}$ 为

$$\tilde{h}_{m,n} = \{h_{m,n}\} + \frac{\sqrt{\kappa_n p_n}\mathrm{Var}\{h_{m,n}\}}{\kappa_n p_n\mathrm{Var}\{h_{m,n}\}+1}\left(\tilde{y}_{m,n} - \sqrt{\kappa_n p_n}\{h_{m,n}\}\right) \tag{9.6}$$

其中，$\mathrm{Var}\{h_{m,n}\} = \{|h_{m,n} - \{h_{m,n}\}|^2\}$。因此，信道估计误差 $\varepsilon_{m,n}$ 可以表示为 $\varepsilon_{m,n} = h_{m,n} - \hat{h}_{m,n}$，其分布表示为 $\varepsilon_{m,n} \sim \mathcal{CN}(0,\alpha_{m,n}I_M)$。

### 9.1.2 数据传输模式

在数据传输期间，每个 BS 向工业物联网中连接的 MN 传递消息[3]。假设每个 MN 最多只连接一个 BS，并将 $I_m$ 表示为由第 $m$ 个 BS 提供服务的 MN 集合，从第 $m$ 个 BS 传输的数据为

$$x_m = \sum_{n=1}^{I_m} \sqrt{p_{m,n}} q_{m,n} z_{m,n} \tag{9.7}$$

其中，$z_{m,n}$ 为传输标志。从第 $m$ 个 BS 到第 $n$ 个 MN 的数据传输所收到的信号给定为

$$y_{m,n} = x_m h_{m,n}^T + \sum_{i=1, i\neq m}^{M} x_m h_{i,n}^T + w_{m,n}$$

$$= \sum_{t=1}^{I_m} \sqrt{p_{m,t}} h_{m,n}^T q_{m,t} z_{m,t} + \sum_{i=1, i\neq m}^{M} \sum_{t=1}^{I_m} \sqrt{p_{i,t}} h_{i,n}^T q_{m,t} z_{m,t} + w_{m,n} \tag{9.8}$$

需要注意的是，式（9.8）的右边第一项被认为是有用信号，其余项分别是干扰和噪声。第 $m$ 个 BS 到第 $n$ 个 MN 的可实现数据速率为[4]

$$r_{m,n} = \log_2(1 + \gamma_{m,n}) \tag{9.9}$$

其中，$\gamma_{m,n}$ 代表信干噪比（SINR）[5]，可以表示为

$$\gamma_{m,n} = \frac{\sum_{t=1}^{I_m} \sqrt{p_{m,t}} \left| h_{m,n}^T q_{m,t} z_{m,t} \right|}{\sum_{i=1, i\neq m}^{M} \sum_{t=1}^{I_m} p_{i,t} \left| h_{i,n}^T q_{i,t} z_{i,t} \right| + \left| w_{m,n} \right|^2} \tag{9.10}$$

因此，从第 $m$ 个 BS 到第 $n$ 个 MN 可实现的最大数据传输速率为[6]

$$R_n = \sum_{m=1}^{M} x_{m,n} \log_2 \left( 1 + \frac{\mathcal{L} p_{m,n} \lambda_{m,n}}{\sum_{i=1}^{M} \sum_{t=1}^{N} p_{i,t} \alpha_{i,n} + \sigma_{m,n}^2} \right) \tag{9.11}$$

其中，$\lambda_{m,n}$ 表示在 $h_{m,n}$ 中的分布函数。

### 9.1.3 能量消耗模型

在从 BS 到 MNs 的数据传输阶段，总功率消耗 $P_T$ 包括电路功耗和传输功率，表示为

$$P_T = P_t + Pc_r = \sum_{n=1}^{N} \sum_{m=1}^{M} \frac{1}{\psi} P_{m,n} + p_s \sum_{m=1}^{M} \mathcal{L} \tag{9.12}$$

其中，$Pc_r = p_s \sum_{m=1}^{M} \mathcal{L}$ 代表电路功耗；$p_s$ 是为激活 BS 天线所消耗的功率；$P_t = \sum_{n=1}^{N} \sum_{m=1}^{M} \frac{1}{\psi} P_{m,n}$ 是传输功率；$\mathcal{L}$ 表示激活的 BS 天线的数量；$\psi$ 是功率放大器的漏极效率。

在工业物联网中，使用一组二进制变量表示 MN 是否连接到 BS，连接后可访问可用的子信道进行数据传输。由于 MN 仅连接到一个 BS，因此第 $n$ 个 MN 和第 $m$ 个 BS 之间的连接变量 $x_{m,n}$ 为

$$x_{m,n} = \begin{cases} 1, & \text{如果第} n \text{个MN连接第} m \text{个BS} \\ 0, & \text{其他} \end{cases} \qquad (9.13)$$

## 9.2　能量效率最大化

能量效率 $\eta$ 定义为工业物联网中总功耗可实现的最大数据速率或系统吞吐量，以比特/秒/焦耳为单位[7]。$\eta$ 可以表示为

$$\begin{cases} \eta(\mathcal{U}, \mathcal{P}, \mathcal{L}) = \dfrac{R(\mathcal{U}, \mathcal{P}, \mathcal{L})}{P_{\mathrm{T}}(\mathcal{P}, \mathcal{L})} = \dfrac{\displaystyle\sum_{n=1}^{N} R_n(\mathcal{U}, \mathcal{P}, \mathcal{L})}{P_{\mathrm{T}}(\mathcal{P}, \mathcal{L})} \\[3ex] \eta = \dfrac{\displaystyle\sum_{m=1}^{M} x_{m,n} \log_2 \left( 1 + \dfrac{\mathcal{L} p_{m,n} \lambda_{m,n}}{\displaystyle\sum_{i=1}^{M} \sum_{t=1}^{N} p_{i,t} \alpha_{i,n} + \sigma_{m,n}^2} \right)}{\displaystyle\sum_{n=1}^{N} \sum_{m=1}^{M} \dfrac{1}{\psi} P_{m,n} + p_s \sum_{m=1}^{M} \mathcal{L}} \end{cases} \qquad (9.14)$$

**问题 1**：能量效率优化。

考虑到最大发射功率和不同的 QoS 要求，制定了一个联合问题来最大化 MN 的能量效率。在数学上，$\eta$ 的优化问题被表述为

$$P1: \max_{(\mathcal{U}, \mathcal{P}, \mathcal{L})} \eta(\mathcal{U}, \mathcal{P}, \mathcal{L})$$

$$\text{s.t.} \begin{cases} C1: \displaystyle\sum_{n=m}^{N} \sum_{t=1}^{M} p_{m,n} \leqslant \psi P_{\max}, \forall m \in M, n \in N \\[2ex] C2: \displaystyle\sum_{m=1}^{M} x_{m,n} = 1, \forall m \in M \\[2ex] C3: R_{\min} \leqslant R_m, \forall m \in M \\[1ex] C4: p_{m,n} \geqslant 0, \forall m \in M, n \in N \\[1ex] C5: x_{m,n} \in \{0,1\}, \forall m \in M, n \in N \\[1ex] C6: 0 \leqslant \mathcal{L} \leqslant \mathcal{L}_{\max}, \mathcal{L} \in N \end{cases} \qquad (9.15)$$

其中，$\mathcal{U} \triangleq [x_{m,n}]_{M,N}$ 代表用户选择矩阵；$\mathcal{P} \triangleq [p_{m,n}]_{M,N}$ 是功率分配矩阵；$\mathcal{L} \triangleq [p_{m,n}]_{N \times 1}$ 分别是激活的 BS 天线的矩阵。

问题 1 中优化问题的约束条件定义如下：约束条件 1 确保 RF 的发射功率消耗小于工业物联网系统中每个 BS 分配的最大发射功率 $P_{\max}$。约束条件 2 最多允许一个 MN 与一个 BS 连接。约束条件 3 保证每个 MN 的 QoS 供应，$R_{\min}$ 代表用户要求的最低速率。约束条件 4 确保分配给所有 MN 的功率为正。约束条件 5 是用户选择标志，如果第 $n$ 个 MN 被选中，它就变成 1，否则就是 0。约束条件 6 保持激活的 BS 天线的数量。

**问题 2**：优化问题的转化。

值得注意的是，问题 1 属于非凸优化和混合整数非线性规划问题[8]。由于它是 NP

难的，它很难获得可行的解决方案。假设 $\Psi$ 表示可行域，优化问题就变得容易解决了，其中约束条件 2 和约束条件 5 是连续松弛的。因此，问题 1 可以转化为减法形式，即

$$P2: \max_{(\mathcal{U},\mathcal{P},\mathcal{L})} R_{m,n}(\mathcal{U},\mathcal{P},\mathcal{L}) - \eta P_T(\mathcal{U},\mathcal{P},\mathcal{L})$$

$$\text{s.t.}: C1, C2, C3, C4, C5, \tag{9.16}$$

**定理 9.1** 问题的等价性 如果

$$F(\eta) = \max \sum_{n=1}^{m} R_n(\mathcal{U}^*, \mathcal{P}^*, \mathcal{L}^*) - \eta^* P_T(\mathcal{P}^*, \mathcal{L}^*) = 0 \tag{9.17}$$

那么，最优能量效率

$$\eta^* = \frac{\sum_{n=1}^{N} R_n(\mathcal{U}^*, \mathcal{P}^*, \mathcal{L}^*)}{P_T(\mathcal{P}^*, \mathcal{L}^*)} = \max \frac{\sum_{n=1}^{N} R_n(\mathcal{U},\mathcal{P},\mathcal{L})}{P_T(\mathcal{P},\mathcal{L})} \tag{9.18}$$

**证明**：定理 9.1 可以按照前面给出的类似方法来证明[9]。因此，问题 2 现在被认为是易于处理的凸优化问题并且有可行解。此外，为了获得问题 2 的最优解，约束条件 3 中的 QoS 约束必须有效地为所有 MN 分配资源。由连续松弛得知，问题 2 中约束条件 5 和约束条件 6 的整数变量 $\mathcal{L}$ 和二进制变量 $x_{mn}$ 可以松弛为

$$\begin{cases} \sum_{m=1}^{M} x_{m,n} = 1, \ x_{m,n} \in \{0,1\}, \forall m \in M, n \in N \\ 0 \leqslant \mathcal{L} \leqslant \mathcal{L}_{\max}, \forall m \in \mathcal{L} \end{cases} \tag{9.19}$$

可以观察到，式（9.15）是混合整数非线性规划问题。为此，本章设计了一种节能的资源算法对其进行优化求解。

## 9.3 能量效率最大化迭代算法

本节提出了一种高效节能的方法来解决问题 1，通过研究非线性分数规划来转换问题 1 中的目标函数。

### 9.3.1 连续凸逼近法

在给定的 $\mathcal{U}$ 下，式（9.16）中相应的子问题可以分别求解 $\mathcal{P}$ 和 $\mathcal{L}$。可以看出，式（9.16）是一个非凹函数，$\mathcal{L}$ 有优化变量。因此，$\mathcal{L}$ 可以松弛至最优值，即 $\mathcal{L} = \widehat{\mathcal{L}}$。连续凸逼近（SCA）算法[10]可以通过以下关系应用：

$$\lg_2(1+\omega_{m,n}) \geqslant f(\omega_{m,n}, k_{m,n}, d_{m,n}) = k_{m,n}\omega_{m,n} + d_{m,n} \tag{9.20}$$

这意味 SCA 算法中自适应值 $k_{m,n}$ 和 $d_{m,n}$ 为函数 $\omega_{m,n}$ 给出了严格的下界。假设 $\omega_{m,n} = \tilde{\omega}_{m,n}$，那么，式（9.20）中函数的参数定义为

$$k_{m,n} = \frac{\tilde{\omega}_{m,n}}{1+\tilde{\omega}_{m,n}}; d_{m,n} = \lg(1+\tilde{\omega}_{m,n}) - \frac{\tilde{\omega}_{m,n}\lg\omega_{m,n}}{1+\tilde{\omega}_{m,n}} \tag{9.21}$$

由式（9.9），$r_{m,n} = \log_2(1+\gamma_{m,n})$ 的近似下界取为 $\gamma_{m,n} = \omega_{m,n}$，变量分别近似为

$\widehat{\mathcal{P}} = \log \mathcal{P}$ 和 $\widehat{\mathcal{L}} = \log \mathcal{L}$。因此，优化问题近似为

$$P3 : \max_{\mathcal{P},\mathcal{L}} \sum_{n=1}^{N} \widehat{R}_n \left( \mathcal{P}, \mathcal{L}, k, d \right) - \eta P_T \left( \mathcal{P}, \mathcal{L} \right)$$

$$\text{s.t.} \begin{cases} C1 : R\min \leqslant \widehat{R}_m, \forall m \in M, \\ C2 : \sum_{n=1}^{N} \mathrm{e}^{\widehat{P}_{m,n}} \leqslant \psi P_{\max}, \forall m \in M, \forall n \in N, \\ C4 : \widehat{\mathcal{L}} \leqslant \log \mathcal{L}_{\max}, \mathcal{L} \in N \end{cases} \tag{9.22}$$

至此，式（9.22）中的目标函数变为凹函数，因此它是凸优化问题。

### 9.3.2　对偶分解问题

下面使用拉格朗日对偶分解方法[11-12]解决变换后的优化问题。与 BS 功率约束和天线使用约束相关的拉格朗日乘数 $(\boldsymbol{\rho}, \boldsymbol{\beta}, \boldsymbol{\mu})$ 被引入问题 3 中。因此，基于拉格朗日函数的原始优化问题 1 的问题可以表述为

$$L\left(\widehat{\mathcal{P}}, \widehat{\mathcal{L}}, \boldsymbol{\rho}, \boldsymbol{\beta}, \boldsymbol{\mu}\right)$$

$$= \sum_{m=1}^{M} \sum_{n=1}^{N} \left[ k_{m,n} x_{m,n} \log_2 \left( \overline{\gamma}_{m,n} \right) + k_{m,n} x_{m,n} \right] - \eta \left[ \sum_{n=1}^{N} \sum_{m=1}^{M} \frac{1}{\psi} P_{m,n} + P_s \sum_{m=1}^{M} \widehat{\mathcal{L}} \right]$$

$$+ \sum_{n=1}^{N} \rho_n \left[ \sum_{n=1}^{N} \left[ k_{m,n} x_{m,n} \log_2 \left( \overline{\gamma}_{m,n} \right) + d_{m,n} x_{m,n} \right] - R_{\min} \right]$$

$$+ \sum_{m=1}^{M} \beta_k \left( P_{\max} - \sum_{n=1}^{N} \mathrm{e}^{\widehat{P}_{m,n}} \right) + \sum_{m=1}^{M} \mu_m \left( \mathcal{L}_{\max} - \sum_{n=1}^{N} \mathrm{e}^{\widehat{\mathcal{L}}} \right) \tag{9.23}$$

其中，$\boldsymbol{\rho} = [\rho_0, \rho_1, \cdots, \rho_N]^{\mathrm{T}}$；$\boldsymbol{\beta} = [\beta_0, \beta_1, \cdots, \beta_N]^{\mathrm{T}}$；$\boldsymbol{\mu} = [\mu_0, \mu_1, \cdots, \mu_N]^{\mathrm{T}}$。因此，对偶优化问题由下式给出：

$$\min_{(\rho,\beta,\mu)>0} \max_{\widehat{\mathcal{P}}, \widehat{\mathcal{L}}} L\left(\widehat{\mathcal{P}}, \widehat{\mathcal{L}}, \boldsymbol{\rho}, \boldsymbol{\beta}, \boldsymbol{\mu}\right) \tag{9.24}$$

### 9.3.3　上边界算法

对偶分解被迭代解耦为内循环，旨在使拉格朗日乘数的功率分配和激活的 BS 天线数量都最大化，外循环也被称为主对偶问题，用以最小化拉格朗日乘数，这可以改善 IoT 网络中的最优用户选择算法。

#### 1. 内循环

**定理 9.2**　在给定用户选择 $\mathcal{U}$ 的情况下，联合优化发射功率为 $\mathcal{P}$ 和激活的基站天线数量为 $\mathcal{L}$。假设 $\mathcal{P}$ 和 $\mathcal{L}$ 保证卡罗需-库恩-塔克条件[13]，拉格朗日函数获得的内循环最大化为

$$p_{m,n} = \frac{(\rho_n + 1) k_{m,n} d_{m,n}}{\sum_{m=1}^{M} \sum_{n=1}^{N} \frac{(1+\rho_n) k_{m,n} d_{m,n} \alpha_{m,n}}{\sum_{i=1}^{M} \sum_{t=1}^{N} p_{i,t} \alpha_{i,t} + \sigma_{m,n}^2} + \left( \mu_m + \frac{\eta}{\psi} \right) \ln 2} \tag{9.25}$$

$$\mathcal{L} = \frac{\sum_{n=1}^{N}(\rho_n+1)k_{m,n}d_{m,n}}{\left(\dfrac{\eta p_s}{\psi_m}+1\right)\ln 2} \tag{9.26}$$

定理 9.2 证实了 $p_{m,n}^{*}$ 和 $\mathcal{L}^{*}$ 能在保证收敛的情况下达到最佳能效。

2. 外循环

外循环改善了最佳用户选择算法，使拉格朗日乘数最小化。当 $\mathcal{P}$ 和 $\mathcal{L}$ 都给定时，用户选择 $\mathcal{U}$ 被优化。$\mathcal{U}$ 的优化问题被表述为

$$P4: \max_{\mathcal{U}} \sum_{n=1}^{N} R_n$$
$$\text{s.t.} \begin{cases} x_{m,n} \in [0,1], \forall m \in M, n \in N \\ \sum_{m=1}^{M} x_{m,n} = 1, \forall n \in N \end{cases} \tag{9.27}$$

优化用户选择充分利用资源分配来最大限度地提高能量效率，同时保持工业物联网中所有 MN 的 QoS 要求。定义用户选择变量 $x_{m,n}$ 以改善更新算法，并由下式给出：

$$x_{m,n}^{\tau+1} = \begin{cases} 1, m = m_n^{\tau} \\ 0, 其他 \end{cases} \tag{9.28}$$

其中，

$$m_n^{\tau} = \arg\max_{m \in M} \{R_n\}$$
$$= \arg\max_{m \in M} \left\{ x_{m,n} \log_2 \left( 1 + \frac{\mathcal{L} p_{m,n} \lambda_{m,n}}{\sum_{i=1}^{M} \sum_{t=1}^{N} p_{i,t} \alpha_{i,n} + \sigma_{m,n}^2} \right) \right\} \tag{9.29}$$

采用恒定步长的次梯度方法来解决式（9.29）中主要问题的最小化。恒定步长的选择主要是受其实际意义的启发，以实现原始解，同时提高收敛速度[14]。因此，所提出的算法更新为

$$\rho_n(\tau+1) = \left[ \rho_n(\tau) - \varsigma(\tau) \left\{ \sum_{n=1}^{N} (k_{m,n} R_n + x_{m,n} d_{m,n}) - R_{\min} \right\} \right]^{+} \tag{9.30}$$

$$\beta_n(\tau+1) \left[ \beta_n(\tau) - \xi(\tau) \left\{ \psi P_{\max} - \sum_{n=1}^{N} 2^{\overline{p}_{m,n}} \right\} \right]^{+} \tag{9.31}$$

$$\mu_n(\tau+1) = \left[ \mu_n(\tau) - \varphi(\tau) \left\{ \mathcal{L}_{\max} - 2^{\overline{\mathcal{L}}} \right\} \right]^{+} \tag{9.32}$$

其中，$\tau$ 表示最大迭代次数。但是需要谨慎选择迭代的步长 $\varsigma$、$\xi$ 和 $\varphi$ 以增加步长的平方和，以确保收敛。

### 9.3.4　最优能量效率迭代算法

本节提出了一种资源分配算法——JPAUSAA 算法，联合优化功率分配、用户选择

和激活的 BS 天线数量，以最大限度地提高工业物联网系统的能量效率。特别是对于给定的 $\eta$ 值，该算法优化了功率和资源分配，如算法 9.1 所示。由于算法 9.1 使用了 Dinklebach 方法的思想，根据步骤 3～8 中取得的解，$\eta$ 值可以在步骤 4～18 中进行更新。

在 JPASA 算法[15]中，在每次迭代中资源被分配给子信道，而 JUSPA 算法[16]只能在高发射功率下实现最优解。然而，JPASA 和 JUSPA 算法的复杂度分别为 $O(M^N)$ 和 $O(NM^2)$。JPAUSAA 算法的总复杂度为 $O(M(N+1)^3)$。对于 MN 和 BS 都比较多的大规模工业物联网，JPAUSAA 算法是适用的，可以在满足系统性能的同时有效地降低计算复杂度。

---

**输入**：设置 $\theta \leftarrow$ 最大容忍度，$0 \leqslant \tau \leqslant \tau_{\max}$ 最大迭代次数

**输出**：优化后的功率和资源分配

1　初始化 $\rho$，$\lambda$，$\mu$

2　初始化 $p(0)$，计算 $n,t=0$ 时的 $\{R_n\}$

3　　**for** $0 \leqslant \tau \leqslant \tau_{\max}$ **do**

4　　　　**while** $\theta > t$ **do**

5　　　　　　**if** $R_{n,k}\left(\mathcal{U}^*,\mathcal{P}^*,\mathcal{L}\right) - \eta P_{\mathrm{T}}(\mathcal{P},\mathcal{L}) < \theta$ **then**

6　　　　　　　根据式（9.26）和式（9.28）计算 $\mathcal{U}^*,\mathcal{P}^*$ 和 $\mathcal{L}$；

7　　　　　　　使用式（9.30）、式（9.31）更新 $\rho_n(\tau+1)$，$\beta_n(\tau+1)$ 和 $\mu_n(\tau+1)$　以确保收敛；

8　　　　　　　$m_n^\tau \leftarrow \arg\max\limits_{m \in M}\{R_n\}$；

9　　　　　　　$\mathcal{U}^* \leftarrow \mathcal{U},\mathcal{P}^* \leftarrow \mathcal{P},\ \mathcal{L}^* \leftarrow \mathcal{L}$ 和 $\eta^* \leftarrow \eta$；

10　　　　　**else**

11　　　　　　　$\eta^* \leftarrow \dfrac{R_{n,k}\left(\mathcal{U}^*,\mathcal{P}^*,\mathcal{L}\right)}{P_{\mathrm{T}}\left(\mathcal{U}^*,\mathcal{P}^*,\mathcal{L}\right)}$；

12　　　　　**end**

13　　　　**end**

14　　**end**

15　　**if** $\tau == \tau_{\max}$ **then**

16　　　　退出；

17　　**end**

18　　$\tau \leftarrow \tau+1$；

19　**return** $\eta^*,\left(\mathcal{U}^*,\mathcal{P}^*,\mathcal{L}\right)$；

---

算法 9.1　JPAUSAA 算法

# 9.4　仿真验证

本节评估了 JPAUSAA 算法的性能，并通过大量的计算模拟与对比算法进行比较。仿真中使用的参数如表 9.1 所示。设计的实验场景由两个 BS 组成，在以 1km 为半径的圆形区域内配备 $\mathcal{L}_{\max}$ =200 个天线。模型的路径损耗表示为 128.1+37.5*lg10(*l*)，其中 *l* 表示源设备和目标设备之间的距离，以 m 为单位。网络在具有随机变量的大规模瑞利衰落信道中运行，具有单位方差的独立同分布[13,17-18]。

表9.1　仿真参数设置

| 参数 | 值 |
| --- | --- |
| 区域半径 | 1km |
| 最低数据速率 | 100kb/s/Hz |
| 电路功耗 | 0.2GHz |
| 每个子信道的噪声功率 | −104dBm |
| MN 的数量 | 10～25 |
| 功率放大器效能 | 0.27 |
| 能量消耗 | 0.5W |
| 系统总带宽 | 18kHz |

　　考虑到网络信道的不确定性，选择的对比算法是实现工业物联网中的节能资源分配的功率分配和子信道分配的联合优化（JPASA）算法[15]，以及用户调度和功率分配联合优化算法（JUSPA）[16]。然而，这两种对比算法都忽略了优化激活 BS 天线的数量以最小化能耗。所有的算法都是在同一环境下模拟的，仿真结果是 MN 在不同位置进行了40 次实验的平均值。

　　1. 允许的最大发射功率的影响

　　图 9.2 显示了能量效率与最大发射功率 $P_{max}$ 的关系图。能量效率是以传输功率来衡量的，将 JPAUSAA 与 JPASA 和 JUSPA 算法比较以显示其优越性。在这个模拟场景中，10 次迭代和 25 个 MN 分别设置为最低数据速率要求，用户所需的最小数据传输速率 $R_{min}=1\text{b/s/Hz}$。随着传输功率的增加，可以观察到能量效率增加。在 $P_{max}<15\text{W}$ 的情况下，所有算法的能量效率随着 $P_{max}$ 的增大而线性增加。当 $P_{max}\geqslant 20\text{W}$ 时，随着总功耗和频谱利用率的提高，能量效率趋于稳定。所有算法都产生几乎相同的性能。

彩图 9.2

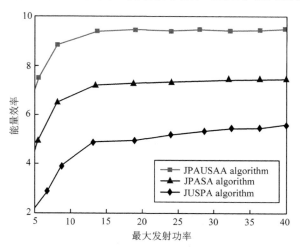

图 9.2　能量效率与最大发射功率的关系

　　可以观察到，当在 $P_{max}$ 条件下 MN 的数量增加时，JUSPA 算法在 BS 处消耗更多的能量，因此不能满足所有用户的 QoS 要求。此外，JPASA 算法通过提高最小数据速率来提高能量效率，以保持 MN 的传输速率。在大量 MN 的情况下，与对比算法相比，JPAUSAA 算法在能量效率方面具有较好的性能。它可以达到约 95%的能量效率，并充分利用资源来避免 MN 间的干扰。JPASA 算法优于 JUSPA 算法，因为 JUSPA 算法只利用了一部分可用资源，因此消耗更多能量。

2. 激活的 BS 天线对能量效率的影响

图 9.3 显示了在最大 BS 天线数量为 200 根，15 次迭代，30 个 MN，用户所需的最小数据传输速率 $R_{min}$=2b/s/Hz 的情况下，每个小区的能量效率与激活 BS 天线数量的关系。可以看出，随着 MN 和激活的 BS 天线数量的增加，能量效率也在增加。值得注意的是，在较低的 $P_{max}$ 情况下，JPAUSAA 算法和对比算法在为 MN 分配资源方面取得了类似的系统性能。在低传输功率下，多区域干扰和噪声功率对系统性能没有影响，可以忽略不计。

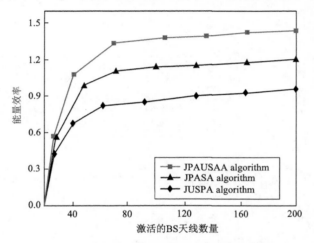

彩图 9.3

图 9.3　能量效率与激活的 BS 天线数量的关系

值得注意的是，JPASA 算法为固定数量的 MN 优化了子信道，而 JUSPA 算法则优化了用户选择。由于这两个算法都忽略了对 BS 天线数量的优化，它们在低 $R_{min}$ 和高 $P_{max}$ 情况下激活更多的 BS 天线以实现最佳能效。然而，JPAUSAA 算法优化了 BS 的天线数量，因此提高了能量效率。随着 $P_{max}$ 的增加，它激活了少量的 BS 天线，并充分利用资源以避免 MN 间的干扰。与两种对比算法相比，这可以大大提升系统性能，以获得最佳能效。值得一提的是，JUSPA 算法比 JPASA 算法激活了更多的 BS 天线以满足最低速率的要求，因此它具有更高的能量消耗。

3. MN 的数量对能量效率的影响

图 9.4 显示了分别具有不同 $P_{max}$ 和 $R_{min}$ 的情况下，MN 数量对能量效率的影响。对所有算法进行联合仿真，比较能量效率性能。从图 9.4 可以看出，在高 $P_{max}$ 和低 $R_{min}$ 的情况下，能量效率随着 MN 数量的增加而增加。JPAUSAA 算法获得了能量效率最大化，并且超过了两个对比算法。因为它可以高度自由地选择最佳可用的 BS 天线用于向 MN 传输数据。它通过利用多用户分集技术节省更多能源，这有利于提高系统能量效率。

在高 QoS 要求下，即 $R_{min}$=3b/s/Hz，需要更多的能量和激活的 BS 天线来维持 QoS 要求，导致能量效率下降。由于性能差异减小，MN 之间的干扰增加，从而导致工业物联网的能量消耗增加。此外，性能变差，曲线斜率变得几乎相同。与 JPASA 算法相比，JUSPA 算法性能最低，能量效率较低。JUSPA 算法需要大量能量来激活 BS 天线，并且随着 MN 数量的增加会遇到较强的干扰。

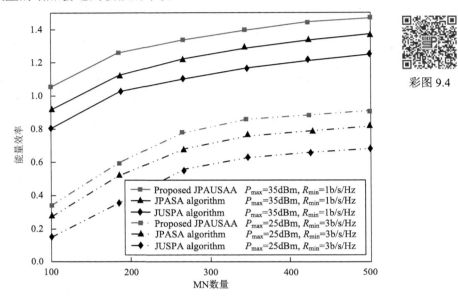

彩图 9.4

图 9.4 在不同的最大传输功率下，能量效率与 MN 数量的关系

### 4. 比较不同约束条件下的能量效率表现

图 9.5 展示了不同 SINR 阈值 $\gamma$ 下的能量效率性能。JPAUSAA 算法的性能与 JPASA 和 JUSPA 算法在不同的 $P_{max}$ 下进行了比较。当阈值 $\gamma$ 增加得不够大时，JPAUSAA 算法

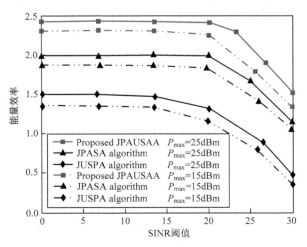

彩图 9.5

图 9.5 不同 SINR 阈值下的能量效率

可以充分利用资源分配。与两个对比算法相比，它进一步缓解了 MN 之间的干扰，实现了更高的能量效率。

在 $\gamma$>10dB 的情况下，由于可行域的较少，JPASA 和 JUSPA 算法的能效性能都会变差。然而，由于阈值 $\gamma$ 的增加，JUSPA 算法的能效性能下降最多。由于 $P_{max}$ 对能量效率的正面影响作用，$P_{max}$=25dB 的能量效率优于 $P_{max}$=15dB。

5. 激活的 BS 天线对最大传输功率的影响

图 9.6 展示了在考虑到不同用户所需的最小数据传输速率 $R_{min}$ 的情况下，激活的 BS 天线数量与 $P_{max}$ 的关系。仿真参数设置为最大 200 根 BS 天线，15 次迭代，30 个 MN，$R_{min}$=2b/s/Hz。在 $P_{max}$<3W 和较大的 $R_{min}$ 约束下，BS 激活更多的天线以满足 QoS 要求。由于能量效率最大化的性能依赖于大尺度衰落，激活的 BS 天线的最佳数量保持不变。天线不会被频繁地开关，而是保持一个比较稳定的状态，以提高在工业物联网中的实际应用。

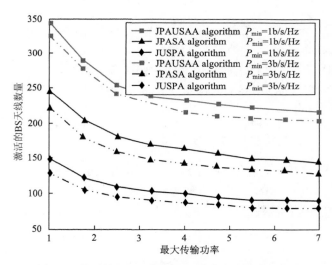

彩图 9.6

图 9.6　激活的 BS 天线数量与最大传输功率的关系

在 $P_{max}$>4W 的情况下，激活更多数量的 BS 天线并利用更多无线电资源来提高能效性能。从图 9.6 中可以明显看出，随着 $R_{min}$ 的增加，需要更多激活的 BS 天线来满足最低速率要求。这意味着在大 $P_{max}$ 和小 $R_{min}$ 的情况下，只有少数的 BS 被激活至最佳状态以实现最大能量效率。因此，与对比算法相比，JPAUSAA 算法激活少量基站天线以获得更高的能量效率，从而显著提高系统在对抗 UEs 间干扰方面的性能。

6. 传输功率对能耗的影响

图 9.7 显示了在 10 次迭代中 30 个 MN 的情况下，所有算法的平均功耗与 $P_{max}$ 的关系。随着 MN 的增加，平均总功耗也相应增加。在 $P_{max}$≤35dBm 的情况下，与在 $L$≤35 情况下的 JPASA 算法相比，对比算法 JUSPA 消耗更多的功率，因为它需要激活更多的 BS 天线才能满足最低数据速率要求。

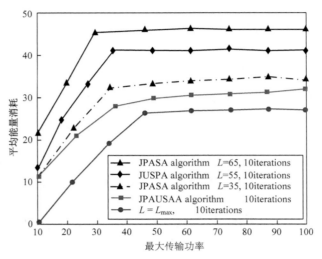

图 9.7  平均能量消耗与最大传输功率的关系

然而，在 $P_{max} \geqslant 40\text{dBm}$ 的情况下，$L=65$ 时的 JPASA 算法和 $L=55$ 时的 JUSPA 算法激活了更多数量的 BS 天线，因此与 JPAUSAA 算法相比具有更高的平均总功耗。随着 $P_{max}$ 的增加，JPAUSAA 算法逐渐达到恒定的功耗并激活相对较少数量的 BS 天线，这提高了系统的能量效率。可以观察到，在 $L=L_{max}$ 时平均功耗最低，因为即使 $P_{max}$ 增加，只激活固定数量的天线。

7. 迭代次数对能量效率性能的影响

图 9.8 显示了不同 $R_{min}$ 下能量效率与迭代次数的关系。仿真参数分别设置为 15 次迭代和均匀分布的 30 个 MN。所有的算法都在三次迭代中收敛，并在线性增加之前达到饱和点。预计随着迭代次数的增加，能量效率会变得恒定。在 $R_{min}=3\text{b/s/Hz}$ 的情况下，

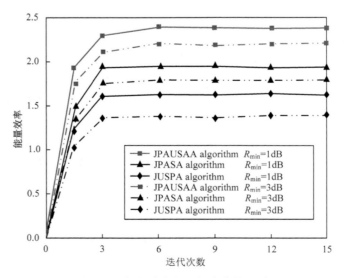

图 9.8  能量效率与迭代次数的关系

激活更多的 BS 天线用于维持工业物联网系统中所有 MN 的最低速率要求，因此会消耗更多的能量。在 $R_{\min}$=1b/s/Hz 的情况下，只激活了少数的 BS 天线，从而提高了能效性能。从图 9.8 中可以看出，JPAUSAA 算法实现了最佳的能量效率，并且性能优于 JPASA 和 JUSPA 算法。

# 本 章 小 结

本章研究了在信道不确定情况下节能的工业物联网的最佳资源分配方案，提出了一种联合优化功率分配、激活的 BS 天线数量和用户选择的算法 JPAUSAA，从而使工业物联网系统的能量效率最大化。JPAUSAA 算法利用拉格朗日对偶分解方法，在保证收敛性和低计算复杂度的情况下实现最优解。仿真结果证明了 JPAUSAA 算法的稳健性，在能效性能上有明显的提高，并且比对比算法有优势。此外，JPAUSAA 充分地激活了 BS 天线，以提高能量效率，同时保证工业物联网系统中所有 MN 的 QoS。

## 参 考 文 献

[1]　LI H, CHENG J L, WANG Z G, et al. Joint antenna selection and power allocation for an energy-efficient massive MIMO system[J]. IEEE Wireless Communications Letters, 2018, 8(1): 257-260.

[2]　FANG F, ZHANG H J, CHENG J L, et al. Joint user scheduling and power allocation optimization for energy-efficient NOMA systems with imperfect CSI[J]. IEEE Journal on Selected Areas in Communications, 2017, 35(12): 2874-2885.

[3]　LIN X, HUANG L, GUO C T, et al. Energy-efficient resource allocation in TDMS-based wireless powered communication networks[J]. IEEE Communications Letters, 2016, 21(4): 861-864.

[4]　LIN Y E, LIU K H, HSIEH H Y. On using interference-aware spectrum sensing for dynamic spectrum access in cognitive radio networks[J]. IEEE Transactions on Mobile Computing, 2012, 12(3): 461-474.

[5]　KHAN T A, YAZDAN A, HEATH R W. Optimization of power transfer efficiency and energy efficiency for wireless-powered systems with massive MIMO[J]. IEEE Transactions on Wireless Communications, 2018, 17(11): 7159-7172.

[6]　KHALFI B, HAMDAOUI B, GHORBEL M B, et al. Joint data and power transfer optimization for energy harvesting wireless networks[C]// 2016 IEEE Conference on Computer Communications Workshops (INFOCOM WKSHPS). San Francisco: IEEE, 2016: 742-747.

[7]　CHOI J, LEE N, HONG S N, et al. Joint user selection, power allocation, and precoding design with imperfect CSIT for multi-cell MU-MIMO downlink systems[J]. IEEE Transactions on Wireless Communications, 2019, 19(1): 162-176.

[8]　AL-HUSSAIBI W A, ALI F H. A closed-form approximation of correlated multiuser MIMO ergodic capacity with antenna selection and imperfect channel estimation[J]. IEEE Transactions on Vehicular Technology, 2018, 67(6): 5515-5519.

[9]　DINKELBACH W. On nonlinear fractional programming[J]. Management Science, 1967, 13(7): 492-498.

[10]　LIU A, LAU V K N, KANANIAN B. Stochastic successive convex approximation for non-convex constrained stochastic optimization[J]. IEEE Transactions on Signal Processing, 2019, 67(16): 4189-4203.

[11]　AWAIS M, AHMED A, ALI S A, et al. Resource management in multicloud IoT radio access network[J]. IEEE Internet of Things Journal, 2018, 6(2): 3014-3023.

[12]　BOYD S, VANDENBERGHE L. Convex optimization[M]. Cambridge: Cambridge University Press, Cambridge, 2004.

[13]　WEI X, PENG W, CHEN D, et al. Joint channel parameter estimation in multi-cell massive MIMO system[J]. IEEE

Transactions on Communications, 2019, 67(5): 3251-3264.

[14]　CHATZIPANAGIOTIS N, ZAVLANOS M M. On the convergence of a distributed augmented lagrangian method for nonconvex optimization[J]. IEEE Transactions on Automatic Control, 2017, 62(9): 4405-4420.

[15]　LIU D T, WANG L F, CHEN Y, et al. Distributed energy efficient fair user association in massive MIMO enabled HetNets[J]. IEEE Communications Letters, 2015, 19(10): 1770-1773.

[16]　ZHAI D S, ZHANG R N, CAI L, et al. Energy-efficient user scheduling and power allocation for NOMA-based wireless networks with massive IoT devices[J]. IEEE Internet of Things Journal, 2018, 5(3): 1857-1868.

[17]　LV T J, LIN Z P, HUANG P M, et al. Optimization of the energy-efficient relay-based massive IoT network[J]. IEEE Internet of Things Journal, 2018, 5(4): 3043-3058.

[18]　KHANSEFID A, MINN H. Achievable downlink rates of MRC and ZF precoders in massive MIMO with uplink and downlink pilot contamination[J]. IEEE Transactions on Communications, 2015, 63(12): 4849-4864.